職業生涯本是一連串重複工作的組合，「不會選擇，不斷選擇與不堅持選擇」，是職場工作者的三大遺憾；能夠「全力以赴、堅持到底」，兼顧工作「專業與熱情」的朋友，才會是職場競賽的贏家。

想要終結鬱悶，夢想高飛，就讓《職場最重要的小事》這本書，陪您度過每個職涯的重大選擇。

憲哥與您共勉之！

職場最重要的小事

職場強人憲哥
教你縱橫職場
的35個巧實力

謝文憲◎著

推薦語

專業人士看《職場最重要的小事》

如果，要在台灣找一個online及offline都受歡迎的超級講師，謝文憲——憲哥的名字，一定名列前茅。身為職場教練，憲哥對於他的讀者或是學生，沒有錦上添花的吹捧，多是醍醐灌頂的提醒，忠言逆耳，就是他常做的功德。

——商業周刊數位內容部總編輯 王之杰

憲哥最讓我佩服的，不僅是他強大的影響力，更重要的是：他總是以身作則，達到更高的標準！在這本書中，彷彿看到年輕的憲哥，化身於書上的每一個角色，從職場新鮮人一路走來，變成今天亞洲最具影響力的訓練大師。想在職場上成功？這本書，你絕對不能錯過！

——專業簡報教練 王永福

認識憲哥也好長一段時日了。最讓我感佩的是他能將理論與實務融會貫通後，以淺顯易懂的語彙傳達出來，頓時讓人有醍醐灌頂的領悟。如今憲哥將他在商周網站的專欄收錄成書，文中提及許多在工作中的觀察與觀念，絕對值得職場新鮮人學習，且終生受用。

——采盟股份有限公司董事長 古素琴

看了憲哥這本親身經歷的職場紀錄，我終於理解為什麼憲哥上的課、寫的書會那麼紅！因為他是一位樂於為周遭所有朋友「創造價值」的工作者，重點是他不僅有創造價值的能力、更有無比的熱情，希望這樣的熱情能透過書中一篇篇故事傳遞給所有年輕的工作者。

——SMART智富雜誌總經理兼總編輯 朱紀中

我常說：或許你沒打算在現在的工作待一輩子，但是，一定要用積極學習的心態與熱情去面對！

任何不起眼的小事，都是累積的開始，學習並同時培養自己的能力，才有機會把大事做好！

能將興趣與工作相結合，當然是最理想的事，但這畢竟是發生於少數人的好機運。所以在面臨職場上不喜歡的事，要用正面態度去面對、處理，並且學習將其做到極致，才可能從中發掘到自己所不了解的興趣與潛能。

憲哥在這本書中對於職場工作者的建議，相信能幫助所有人！

——城邦媒體集團首席執行長　何飛鵬

這二年多次到校園分享職場經驗，發現「22K魔咒」就像打不開的結，讓同學們相當迷惘與無助。或許成功沒有捷徑，但看完憲哥傳授的35個職場巧實力，可以輕鬆搞懂職場潛規則，正向面對職場百態，少走很多冤枉路就是你的勝出關鍵。

——今周刊行銷總監　陳智煜

—推薦語—

職場工作者看《職場最重要的小事》

跑跑薑餅人之〈如果不經歷「重複」的磨練，換到哪兒都一樣〉，讓每天在海量數字資料中打轉的我，找到了努力的目標與堅持下去的動力。目前的我就像跑跑薑餅人一般，不斷的跑，不斷的準備，希望能為自己的未來，創造更多機會與美麗的願景！

——王立筠（網路媒體業業務分析／六年級）

我是身障人士，同時也是棒球選手。兩個角色也許衝突，但我從來不曾放棄成為優秀球員的夢想。在追夢的過程中，幸運地受邀參與憲哥主持的電台節目「憲上充電站」，和憲哥分享了很多追夢過程的艱辛。在和憲哥的對話中，我們就像是對棒球執著的男人與勇於挑戰的青年，沒有距離的分享同個夢想，讓我更有勇氣繼續走下去，非常感謝憲哥對我的激勵。

——朱廣霖（科技業研發工程／七年級）

憲哥是個執燈者，用人生的經驗為我們引路，用熱情的鼓勵為我們打氣。透過出書、專欄、廣播、講課，發揮影響力帶動良善的風氣。「我們缺乏捲起袖子做事的人」，所以憲哥捲起他的袖子做了許多事，我們，也一起吧！

——沈怡璇（電視媒體人資訓練／七年級）

在下雨的英國的飯店，想起過去三週在四個不同國家超過二十種不同語言的會議中，總是想起憲哥的話「沒有奇蹟，只有累積」。幾個月來的確在不同機場間遊走，面對不同語言、文化的客人，做生意總是困難重重。人生，就是要懂得抓緊對的時機，眼明手快的拾起最適合自己的鑽石，並在最適當的時候使用它，好好鋪陳與設計，屬於自己的：天時，地利與人和！如此才有機會，創造更多成功的可能。但更重要的是，腳踏實地的步步累積實力，在職場上才能長久。

——周旭陵（電子業亞太區業務發展主管／七年級）

自己從事醫美業，因執行長對育才的重視，任職於管理職外，也兼任內部教育訓練及醫美講師，因而開啟和憲哥的緣分。我總是記得憲哥說的：「實現夢想的人，往往不是最有才華的人，而是堅持到底的人。」現在的我，在職場上遇到困惑，就會把憲哥的文章再拿來閱讀；一篇篇的精心傑作，每每品味後，餘韻猶在，久久無法忘懷！

——林雅湞（醫美業管理職／七年級）

「挑擔要撿重擔挑，行路要找難路行！」憲哥總是用自身的經歷與發生在他周遭的人事物，用他獨特的見解與細膩的文字帶給我無比的動力！讓我在銷售的這條路上，從原本的亦步亦趨，逐漸走上了自己夢想的舞台。全力以赴、堅持到底，成為了我現在對生活的態度！

——張明頎（3C通訊業門市業務行銷／七年級）

二年前參加憲哥演講，課後一句鼓勵：「小卡，你可以的！」讓我跳脫講師生涯中寒酷的低谷；後續臉書、部落格中一句句：「小卡，你太棒了！」令我猶如吸入大量氧氣，在教學上更加振奮、激昂。憲哥所散發的風範和影響力，更是我在講師人生中所追尋的光。

——莊舒涵（培訓業講師／六年級）

認識憲哥，認識「熱血、堅持、行動」的影響力。從事HR訓練工作多年，時常徘徊在工作細節的倦怠裡，從二〇一一年行動的力量講座，到二〇一四年《KANO》電影熱血包場，我看到專業講師對工作及生活的熱情，和堅持朝夢想前進的行動力。疲倦的心，因此獲得堅持的力量。

——陳淑貞（百貨零售業人資訓練／五年級）

因廣播節目認識了憲哥，憲哥充滿熱情的聲音和溫暖的笑容，總是感動人心。他善於分享自己的熱血與快樂，對於年輕人有著特別的感觸。定期閱讀憲哥的文章，總會讓進入職場滿兩年的我，感到心有戚戚焉。

——黃靖琪（外商網路業行銷企劃／七年級）

以往看憲哥專欄時，從沒想過自己也會成為主角。感謝憲哥曾在我職涯低潮之際「點」了我一下，讓我對自己有了更進一步的省思與勇氣，進而創造出逆轉全壘打的際遇與發展。職場小故事、人生大學問，萬般慶幸我受教了。

——楊東遠（運動網路媒體管理職／七年級）

三年前做為一位菜鳥業務主管，憲哥的著作就是我工作中的行動準則，而他輝煌的業務戰績，更是我努力的目標。目前因團隊表現亮眼，獲得公司內巡迴演講的難得機會，也幸運受邀錄製「憲上充電站」廣播節目，憲哥可以說是我最佳的職涯導師。

——葛良駿（科技業人資訓練／七年級）

「你希望明年的你，還是和現在一樣嗎？如果不希望，是否應該要克服心中對於未知的恐懼呢？」每年願望清單總有「澳洲遊學」這一點，但卻遲遲沒實現。去年讀到這篇專欄，當時在腦海中揮之不去，認真思索未來職涯發展，更想知道丟掉名片、學歷後還剩下甚麼？如憲哥所說：「一千個想法，不如一個行動」，謝謝這篇專欄，在徬徨時刻有如當頭棒喝，省思未來職場及人生，勇敢戰勝恐懼，接受新挑戰，踏出舒適圈到澳洲，探索自己的潛能及可能性，實現自己願望清單，更是人生最重要的小事。

——劉怡汝（雜誌出版業行銷企劃／七年級）

「公司福利再好，你也不該從菜鳥待到退休」，憲哥這段話給我很大的信心。年年達成業績兩位數成長、升遷速度比同期都快，我卻比任何人都緊張。因為這一年我都在做重複的事，只要產業的生命週期走向衰退，我將沒有任何能力迎接全新的挑戰。是時候該跳出舒適圈，迎接改變。

——鄭均祥（培訓業業務行銷／七年級）

出社會四個月的菜鳥攝影師，首次與憲哥見面時，感受到他台下的真誠，更感受到他在講台上追求完美的熱情。如果態度能顯現一種高度，憲哥的高度一直在我憧憬的天空，我仰望學習更多能力飛向那片天。

——謝瑋銘（攝影師／七年級）

憲哥總是用麥克風加信念，以實際又細膩的觀察力提攜後進，鞭策我思考並成就「年輕人」的價值。人生沒有捷徑，只能站穩腳步走出自己的途徑。「年輕人要在對的時間，做對的事，然後被看見」，是憲哥提醒我在職場最重要的小事。

——蘇莉婷（非營利組織企劃／八年級）

（以上依姓名筆畫排序）

—自序—

終結低薪，夢想高飛

職場不順遂，終究是「努力不夠」，或是「方法不對」？然而努力與否靠自己，方法對錯靠指引，你的職涯若能有導師指路，可以避免繞遠路。

大三升大四那年暑假，我參加校友會在復興山莊辦的活動，下山時順道載了一位美女同學下山。那天下著細雨，她直說：「文憲不要騎太快。」我回：「這條路已經騎了幾遍，放心啦！」過了慈湖後的一個急降坡，路上有砂石車散落一地的碎石子，我的野狼一二五煞車不及就翻車了。我跟女同學都嚴重掛彩，事隔二十多年，每每我們遇見，話題都從這裡開始聊。

她的提醒我沒當一回事，然而美女的大腿和膝蓋有傷疤，成為我對她一輩子的虧欠；或許這是年輕印記，但代價卻慘痛無比。

她住大溪，是當地人，為何她對我的提醒，我卻沒當一回事？一樣的道理，年輕時父母要我別抽菸，一定要到抽了二十年之後才痛定思痛；老人家要我早睡早起、練好英文、少吃冰的、油炸和甜食少碰……我總是身體遇到狀況時，才體會「不聽老人言，吃虧在眼前」的經世警語。

或許這就是人生吧。

然而職場是有規則的，前人走過道路的經驗，若是能妥善整理，讓後輩當作指引與提醒，絕對是年輕人職涯少走冤枉路、終結低薪與夢想高飛的錦囊妙計。

於是我開始將二十多年來在職場的體會，利用《商業周刊》「職場憲上學」專欄部落格，鉅細靡遺的整理出來。

起初我用如履薄冰的心情，並試圖討好所有讀者，卻被無情網友和酸民圍剿，老實說，我很早就想放棄了。

然而經過身旁兩位重要的編輯提醒與鼓勵後，我整軍經武再度出發，朝向我心中真正想寫的內容大膽直言；不再討好所有人，把我心中真正的觀點、論述，透過每周一篇的真實案例與深度剖析，呈現在讀者面前。

contents

Part 1 給職場新鮮人：從小處發亮、從大處閃耀

Part 2

與同事主管相處，是一輩子的功課

Part 3

小不公平要不要計較？

Part 4

工作不到一年就想離職？工作哪那麼簡單

Part 5

從厭倦到期待，憲哥想告訴你的幾件小事

Part 1

給職場新鮮人：
從小處發亮、從大處閃耀

想當年，我剛到台達電子上班兩周，就聽到主管跟我說他們在廠區會議中討論：「怎麼有人在廠區用跑的？連上下樓梯都用跑的？」沒錯，被討論的人正是我。大學畢業，我比一般人都幸運，還沒畢業就到台達電子上班，擔任人力資源管理師的工作。老實說，我真的不知道這工作要做什麼，只知道同是武陵高中的學長很賞識我，給了我一個工作機會。

學長是我的直屬主管，他常叮嚀我一句話：「希望你能證明我的眼光是對的。」於是我展開天天在廠區內生產線中穿梭的歲月。

每天十點以前要發出當日出缺勤的報表與刷卡異常的名單、跟生產線組長與課長討論異常作業員的狀況。由於被規定的時間是十點以前，於是八點上班時間一到，我就開始列印全廠出缺勤資料。略做整理後，每天九點便開始我在廠區間的跑步之旅，一年到頭沒有失誤。

因為我的目標是零失誤。

民國八十年進入職場當菜鳥，擔任人力資源管理師的工作，縱使現在看來這些工作，早已被網際網路所取代，但人與人之間的互動絕對不會被取代。

不出兩周，全廠區產線的組長與課長都認識了我，一開始我的確都扮演小弟的工作，虛心學習，持續檢討。我發現台達的夥伴人都很好，尤其是產線的歐巴桑。她們的年紀都像是我媽一樣，許多人在工廠待了二十幾年，當時的我非常納悶，怎麼會有人上班二十多年都待在同家公司，做著同樣的工作，現在的我才明瞭：「人若缺少工作熱情，公司若缺少家的歸屬感，到哪裡工作都待不久。」

許多的職場書籍都談到新鮮人要有好的工作態度與熱情，這種抽象的話真的很難理解。我想用更簡單的語言來說，就是職場新鮮人應該試著「設定挑戰目標」。或許是個簡單的目標，但要全力以赴、堅持到底的去做。

我當時的想法是，學長既然很賞識我，我更應該在公司三個月試用期之前做到幾項指標，例如全廠七百多人都要認識我、十點出缺勤報表零失誤、持續研讀勞動基準法並通過主管的書面測試、辦理一次全公司的大型活動等等。我很慶幸自己在職場初期養成工作的好習慣。

跑步讓我維持好身材，微笑讓我贏得好人緣，深入接觸第一線讓我知道作業員的辛苦，而準時送達報表讓我養成守信重承諾的好習慣。直到第十六個月轉任採購，直到再也不用跑步，我才開始發胖。

憲哥想與職場新鮮人分享，找到自己被看見的點，「從小處發亮、從大處閃耀」。我相信任何職場老鳥，都會疼惜願意奮鬥且認真工作的菜鳥。

01
對得起自己，所有事都會對得起你

之前一篇〈這個國家，太對不起年輕人〉的文章，在網路上引起熱烈討論，姑且不論是誰對不起誰，我覺得年輕人不要對不起自己就好了。怎麼說呢？我們先從小安這位年輕人開始說起。

一位肯做肯學的新鮮人

小安念私立大學剛畢業，服完兵役後憑著大學時代在股票研究社擔任社長的學校社團經驗，獲得面試官青睞，願意給他一個機會，進入公司服務，擔任最基層的試用營業員一職。

實務經驗、客戶、人脈等等什麼都沒有的他，只能跟著公司輔導考照的腳步拚命念書。某日，我擔任該證券公司週六內訓課程的外聘講師，當著小安的面，說出了他的故事……

原來，小安進到公司之後才知道，自己的能力有多貧乏，不過他並沒有放棄自己，非常願意請教前輩，前輩也很願意幫忙這個年輕人，加上自己很認真念書，很快的，第一個月就看到一些進步。未料進入工作後的第三個月，母親因為肝疾住院，全家隨即進入捉襟見肘的兵荒馬亂生活中。

某天下班後，小安匆匆忙忙趕到長庚醫院去換弟弟的班，在門口遇到一名頭戴毛帽的婦人，病懨懨的向他攀談。

老婦人：「小弟，借我一千元坐車好嗎？我一定會還你的。」

小安心想，自己真夠衰了，媽媽住院，自己還遇到詐騙集團借錢。不過仔細端詳了老婦後發現，毛帽底下的頭髮真的很少，加上手拿藥袋，猛一看真不像壞人，心裡一橫：「最差就是被騙，她要是沒還我，就當作是一千塊掉到水裡吧。」小安從皮夾裡拿出一千塊，加上一張名片給了老婦人，老婦人連忙說謝謝，在小安的面前搭了計程車離去。

小安心想：「不會吧，我都騎機車來，她卻搭計程車，我好像真的被騙了。」上到病房後，講這事給安媽聽，安媽說：「錢沒關係啦，你能幫助別人是好事。」

接下來幾個月，小安在公司的進步有目共睹，加上母親病況略有好轉，沒多久也回家休養，半年後，終於家庭與工作都看見曙光。

公司評估小安的專業知識大有進步後，給了他一份有潛力的靜止戶名單開始做cold call（陌生電訪）。資料雖然有很多筆，但靜止戶不下單就是不下單，經過日以繼夜的跟客戶交流之後，終於有幾戶開始動了起來。

小安把過去在醫院照顧媽媽的晚上時間，都拿來打電話開發，幾次分公司經理要下班時，都看到小安還在講電話，經理人對他的拚勁也感動在心裡。

幾個月後，開始有單月攀上顛峰的佳績出現。慢慢的，也進入公司的業績排行榜領先群中；二〇一三年更拿下了公司最佳潛力新人獎的殊榮，小安也在到職的第二年晉升襄理。

有時候，一直抱怨並不能成事

不過，連小安自己也搞不懂的是，為什麼有位小姐，小安建議什麼，她二話不說就聽從建議，該名客戶也從靜止戶名單中，變成小安的前幾名大戶。被奧客纏習慣的小安，還真不習慣太好的客人，更重要的是，該名小姐始終不願意跟小安見面。

小安終於利用過年前的機會，循著公司建檔的地址前去拜訪該名小姐。藉著致送年曆之名，想見見她到底是誰？到了木柵的靜巷內，看著外勞推著輪椅，椅子上坐的好像就是前年在醫院門口拿他一千元的老婦人，趨前了解之後，才發現該名小姐正是老婦的女兒。

去年靜止戶電訪時，小姐就已經發現小安曾經幫助過母親，對於他的專業知識與服務態度持續觀察後也都覺得滿意，就把自己在其他家券商下單的習慣，轉到小安這裡來，此時的小安終於恍然大悟……

對於台灣，我實在不喜歡「鬼島」這詞，我常跟學員說：「如果台灣是鬼島，那其他國家就是惡魔島。」雖然是笑話一句，但我想表明的是，沒有一個國家是完美的，公司跟人也都一樣。我知道大家對國家有很高的期待，但期待終究是期待，很多是你不能改變的事實；與其抱怨國家對不起年輕人，年輕人不如自己站起來，我不相信台灣大多數的年輕人會差到哪裡去，就像我始終不認同台灣是鬼島一樣。

如小安這樣年輕人奮發向上的成功例子我聽過很多。如果大家都在批評草莓族，說台灣是鬼島，說國家對不起年輕人，好像都是上一代對不起下一代，而我們這些社會中堅也都遲遲沒有行動……再這樣下去，以上所說或許都將成真。

台灣或許現在真的很悶，但不容否認的是，這個國家未來的主人翁是年輕人，而我願意多給大家希望與鼓勵。年輕朋友們，主動伸出你的手，不要躲在網路背後，或許先試著付出與學習，給自己一個機會，鎖定正確目標並且持續努力，我相信假以時日，你們會讓批評的人跌破眼鏡的。

02 至少自己的事自己做吧！

離開房仲業已經十五年，老同事趁我較有空時，貼心的約了四位以前的戰友喝咖啡，我們一坐下來，不需暖場，就能聊得十分愉快。

請放下手機好嗎？

榮哥，是我們幾個店長中，對房地產工作最堅持的，這十多年來不僅繼續從事房仲工作，而且還兼做大學附近的套房投資。那天說到自己三不五時還要兼做物業管理、催繳水電與房租，不禁語露無奈。

我對榮哥的工作很感興趣，當天喝完咖啡後，請他帶我去看幾間較近的學生套房。

到了某大學附近的出租套房，事前這位學生跟榮哥約好要退租，並約了父母親從中部開車北上，幫學生把東西載回家，隨即要到南部某優質大學繼續念研究所。

到了房門口，門沒關，裡面已有說話聲。榮哥禮貌地跟學生家長打了招呼，我只聞到一股怪味。一進去，看到滿地的發票、便利商店的塑膠袋、寶特瓶與運動衣褲，還有兩袋沒丟的垃圾，裡面的便當早已臭酸。老實說，我沒興趣多待一秒。

學生家長很客氣，也知道房間很亂，連忙跟我們說不好意思。榮哥不愧是做生意的料，直說沒關係，還打趣的跟家長說：「我們先把押金和水電結一結吧。」

只見學生家長把大男孩的物品，裝進早已準備的紙箱中，兩位年約五十多歲的中年父母，揮汗如雨搬著重重的書。爸爸的衣服早已溼透，脖子上掛的一條毛巾也幾乎濕了，媽媽右膝蓋上的護膝則緊緊的纏著。看來兩老幫他們寶貝兒子收拾房間也有幾十分鐘了。

而寶貝兒子正坐在床上滑他的手機，玩著他的遊戲，不時冒出「靠」這個字。

榮哥帶著一點不悅又不能太責備的口吻說著：「同學，你去陽台把衣架跟拖鞋收進來吧，我跟你結完帳以後，還要趕去下一間套房。」

大男孩說：「沒關係啦，我媽知道拖鞋跟衣架要放哪裡。」他頭也沒回的跟榮哥講話。

爸媽都不說話，我們也不好說什麼。

榮哥實在看不下去，索性把衣袖捲起，幫起兩老的忙；把書本疊一疊，順手裝進箱子裡。榮哥都如此了，那拖鞋跟衣架就應該是我的工作了。

只見雙親一直跟我們說：「不用啦，我們來就可以啦。」

榮哥隨即故意大聲嚷嚷：「趕快結完帳，我還要趕下一間啦。」可是我明明知道榮哥晚上沒事。

孩子這樣，父母該怎麼辦？

晚上榮哥請我到大學旁的牛排店吃晚餐，只見榮哥用怨歎到不行的口吻，一直抱怨他套房最近出現的衰事。

他最近很倒楣，出租套房都遇到催繳N次的、索性不繳的、催繳隔天就不見的，還有讓他最頭痛的就屬「半夜奪命連環call」了。

榮哥半年內三次接到某名大學生的電話，在晚上三、四點唱完歌或是吃完消夜後，帶點醉意跟他說：「大哥，我沒帶鑰匙，進不去，你來幫我開門好不好？」

第一次榮哥沒辦法忍住惻隱之心，幫他開了門。第二次要學生自己騎車到他家樓下來拿鑰匙。第三次三更半夜打來，他真的很火大，一氣之下說出要學生去住旅館。學生哭著說沒錢，只好又去幫他開了一次門，我聽了直呼不可思議。

我有兩個兒子，老實說，很難想像要是我的孩子做出這些行為，我該怎麼辦？

我大學畢業後進入電子公司擔任人力資源專員工作。前三個月，就因為遇到舉辦秋季旅遊，弄得桌面太亂，被我的主管狂電了兩次。第二次他甚至說：「你要是因為桌子太亂被我說第三次，你明天就不用來上班了。」這句話我一直牢記在心，也影響了我往後二十多年的工作習慣。

關於上述的搬家例子，我還有個疑問：為何明明要搬家，孩子在玩手機、一副若無其事的模樣，爸媽都不說話，反倒是我們這些大叔看不下去？

我覺得，這孩子的父母親要負最大的責任。我始終認為，每位家長若能把自己小孩教養好，讓他們出社會能夠成為一個「有用」的人，無論職位、薪資高低，小孩能夠養活自己（先別提孝順），不要造成社會負擔，父母親就是對社會有顯著貢獻了。

我真的衷心希望，我看到的這個案例只是特例。

03 年輕人不難帶，是時代的觀念要變

過年期間與學生時代童軍團的好友相聚，才知現在的童軍團與服務性社團，在各大學、高中都招生不易，大家感歎時代變了。

時代真的變了？

我們這群童軍團的朋友，畢業後二十幾年都會不定時相聚，今年感觸特別多，不是大家老了，是以前的熱血社團快要倒社，回憶沒人延續了。

現在的學生都說：

「還要旗語幹什麼？有LINE就好了。」

「還要露營搭帳篷做什麼？到處都有旅館。」

「還要繩結做什麼？到處都是便利商店。」

「還要觀星象做什麼？我們都有GPS……」

雖然我們這群中年大叔對童軍團的想法，年輕人一輩子也不會懂，童軍團的意義肯定比年輕人的想像多更多，不過話說回來，年輕人說的好像也沒錯。

隨後大家話鋒一轉，又開始談及年輕人多難帶、態度不佳、思想詭異之類的，我每次聽到這個都感覺很無趣，因為只要是老人聚會都會聽到這種老掉牙的話題。

我真的很想幻想一下，七、八年級的聚會裡，會不會也在說我們這些五、六年級的大叔、大姊冥頑固執、思想老舊、想法呆板……之類的，這世界未來到底是五、六年級的世代，還是屬於七、八年級的天下？這世界未來的趨勢到底是什麼？到底是年輕人難帶，還是老人不會帶新人？還是老一輩給了新人不想要的東西？答案好像已經越辯越明、呼之欲出了。

或許是我運氣好，我周邊出現了很多優秀的年輕人，他們的專業知識或許不足，經驗或許沒有我們豐富，但是大多滿聰明，也很願意學。吃苦耐勞程度也許普普通通，但是只要目標清楚，是有機會訓練成大器的。

之前受邀知名電視台的談話性節目，談及青年人就業的議題，主持人與其他來賓都談及年輕人失業率偏高，但募兵制又成效不彰的雙重弔詭；或許議題的真正原因不僅是薪資問題，還包含其他因素，這一點我肯定且認同。

我承認薪資真的很重要，薪資不高哪來工作樂趣與成就動機？但是一味把議題導引到薪資問題，好似所有責任都是最上面老闆的問題，與基層或中階主管無關，似乎也不正確。一線主管因為薪資水準不是他們能決定，以致都容易用以前成功過的管理思維，去帶那些所謂的七、八年級的新鮮草莓族，而他們明明不吃這一套，這種管理風格，我也始終不以為然。

就職第一要點：做有興趣的工作

其實工作無分好壞，只有適不適合。

很爛的公司還不是有人做得好好的，幸福企業也有人離職，三百六十行只要肯做，我相信行行出狀元。若非如此，吳寶春、阿基師這樣的成功例子，就不會被大家廣泛討論了。

「有興趣的工作」，是我認為帶領新世代人類的第一堂課。

或許工作不會差異太大，但太多例子告訴我，跟對主管，工作變有趣，跟不對主管，幸福企業也有血汗部門。

其次是「讚賞員工的成就」，千萬不要變成一個「狗嘴裡吐不出象牙來」的惹人厭主管。

讚賞員工成就，當然要分「大成就、中成就、小成就」，定義依各公司而有所不同。員工也要分「資深人員與資淺人員」，獎勵模式也可以分成實質與非實質，不一定只是錢，還有更多樣的獎勵方式，並不僅限於口頭獎勵。我看過很多主管會適時寫下一張卡片給同仁，這樣做的效果很不錯。當然，讚賞也要吻合「立即、公平、公開」三原則。

舉例來說，新人有個微不足道的小成就，就要好好鼓勵他，更不要說是比較特別的特殊貢獻了；資深人員也不用動不動一件小事做得很好，就要有公開表揚的太矯情行徑；但如果一年到頭只有口頭獎勵，缺少實質的回饋，恐怕也效果不彰，無法達成管理目的。

最後是「歸屬感」，這一點最容易做到，也最不需要花大錢。創造一種家的感覺，給新世代員工一種關懷和愛，我認為這是身為部門主管最重要的使命。我在職場看到男性主管在這個能力上，普遍仍有需要學習之處，不妨可以多運用部門祕書，或是多與女性主管互相討論，相信可以找到不同的見解與施力點。

最後，憲哥要提醒大家的是：「好漢不提當年勇」，或者說「好漢當年誰不勇」，只會說我以前怎樣厲害……現在新人都不吃這套啦。能順應潮流、因時制宜的主管，或許才是在新鮮人面前吃得開的好主管吧。

04 總是新人抽到大獎？公司怎麼了？

每年年關將近、尾牙季到來時，無疑的，就是公司與公司間，產業與產業間的一場年度經營成績展現的PK賽。

員工才來兩周，竟抽到最大獎？

工作二十三年，親自參加過五十場以上的大小尾牙，無論是擔任主持人或是在台下看表演，每一年的尾牙都有不同的體驗，但最讓我津津樂道的，總是每年最大獎的抽獎時刻。

印象最深刻的是，某年在我曾經服務過的公司尾牙時，有位才來兩周的同仁抽到最大獎，記憶中特獎是價值七、八萬的加拿大來回機票及旅遊券，這好運羨煞所有人。於是隔年就將抽特獎資格，修改為到職半年以上的員工！

然而最讓我深刻記憶的不是這位新同事，而是那一年公司的離職率特別高。

辦公室的同事，幾乎換了三分之一，不會走的員工還是佔著位置。容易離職的位置，一年曾換過兩、三名員工，職缺時常在內外部徵才管道上看到。於是近幾年，我常問我的朋友：「你們公司今年抽到最大獎的員工，到職幾年？」用這個指標來觀察該公司的離職率與平均服務年資。

大型公司的員工人數眾多，樣本數多、各種大獎數量也多，用得獎員工的年資來看公司的離職率，其實可以看出些許公司人力狀況的端倪。小公司樣本少，那就把這指標當作是趣味也無妨吧！

我不否認，抽獎有其運氣成分存在，雖然與統計學者期待的樣本數不一定能完全符合，但我這幾年對某些公司的粗略觀察，其實還滿準的。我想特別強調，其實適度的離職率，有助於公司新陳代謝，不見得全然是壞事，但離職率若高到一定程度，恐怕會造成公司相當的打擊與負面影響。相反的，公司每年抽到大獎的都是資深員工，離職率偏低，甚至幾乎等於零，這樣的公司雖然相對穩定，但或許也很難變出新把戲。

前些日子，有某家人力銀行公司做的調查指出，因為這一年年終獎金各產業普遍偏低，有意離職的職場工作者也不見得會撐到領完年終獎金才離職。於是，在公司尾牙酒酣耳熱之際，若見到鄰桌幾位完全不認識的同事時，你也不要覺得太意外。

我常說：「一家公司就像一隊職棒，如果都是老人就很難奪冠，但都是新人很沒經驗。若有完整的老中青三代，這種公司……ㄟ，很難出現！」原因很簡單，老闆不一定會重視人才比例的問題，公司能賺錢就好，管什麼人才比例呢？於是卓越的公司與普通的公司，差別就在銜接老中青三代「mentor」制度的導入了。

Mentor是新人的良師益友

Mentor，無論中文說成師徒制、學長制、導師制、輔導員制、訓練員制……中文名稱千奇百怪，但英文就用mentor這個字。這個字有「導師」、「良師益友」的意涵存在，它與另一個字mental（精神上的、心理上的）是同一個字根系列的字。因此，我對公司導入mentor制度下了一個簡單定義：「mentor是要成為新進員工在心理上、或精神上的良師益友，在工作上的教導者，以及成長進步的導師。」

通常mentor在公司有三個重要的職責與使命：

1. 傳遞公司文化與策略目標，當然還肩負日常工作專業技術的教導。
2. 縮短人員的培訓時間，減少人員在遞補上的「機會成本」，強化該單位的整體戰鬥力。
3. 減少人才流失，強化公司在市場上的競爭力。

所以囉，一般公司都會以資深員工或是主管來扮演這角色，問題是，擔任mentor或訓練新人不是人資部的事嗎？關我們什麼事？我想這就是公司要去形塑與建立文化最困難的地方了。

我一直覺得新人會不會離職，不必一直跟公司扯上關係，既使再爛的公司，也有人做得好好的，再好的公司，也會有適度的人員流動一樣，不必太去責怪公司。

會離職的原因新人自己佔百分之五十。他能不能待下去，有一半的原因都是因為自己。年輕時忍不下去的，三十歲成家立業後說不定就忍住了；以前會為了錢工作，說不定四十歲以後想法就變了。我倒是一直很正面看待員工離職這件事，因為有一半都跟他個人當時的想法有關。

另外，公司大小環境佔百分之三十，公司若整體環境傾向善待新人，對新人友好，新人留用比例當然高。反之公司大環境與該部門的小環境傾向排擠新人、仇視新人、不理睬新人，新人甚至待不到一周，拍拍屁股走人的案例也比比皆是。

最後Mentor指導者佔百分之二十，扮演mentor的員工也不用壓力太大，就盡量同理心去帶領新進員工。試想，自己剛進這公司前三個月的心情是什麼？現在的他需要什麼？常想這兩點，一定可以為新人留用加分不少的。

當然，老闆絕對不會把新人，交給一個看起來比新人還笨的資深員工帶。所以囉，帶新人就是獲得老闆肯定的第一步。不要說自己沒時間，試試看，一定可以做得還不錯的。

05 守時、專注，面試官一定會用你

錄完廣播節目後，我邀請三位談運動的來賓到咖啡店坐坐，這一聊就是兩小時，我們從年輕人就業這話題聊起……

面試的態度決定公司要不要用你

當下，我問了小雀，妳這個工作是怎麼找到的？

小雀是私立大學畢業，但在國外念MBA，畢竟喝過洋墨水的她，雖然年輕，談吐間卻多了點自信。廣告公司是人生的夢想工作，她有計畫性的投遞履歷，只不過試了幾家指標性的公司，對方都沒有錄用她。原因很簡單，公司都認為她不是相關科系畢業，而且沒有工作經驗，起薪又要求比一般台灣的新人還高。

然後呢？

她現在任職的公司在世貿附近，兩年多前的夏天，人資約她八點半複試，她八點不到就在附近的便利商店稍作準備，吃完早餐後，還持續上網瀏覽該公司的廣告作品與成功案例，並在腦中重複演練應答問題的畫面。小雀在初試時表現不錯，希望這次能一圓夢想。

「八點半面試會不會太早？」我訝異的問著。

她也覺得奇怪，哪有公司約八點半複試的？

一如往常的，她進到了會議室，對三位複試官的問題侃侃而談，絲毫不受前幾次面試失敗的打擊，面試結束後就走出會議室稍作休息。

錄取的原因到底是什麼？

小雀回答：「主管說，過去的複試都約在九點半的主管會議前面一小時，從來沒有一位面試者準時過。」主管覺得小雀的應答很得體，專業也不賴，重點是非常守時，沒有廣告經驗可以再培養。

我問小雀，妳住哪裡？她說：「桃園，面試那天搭早班火車來台北，但現在搬來台北跟姊姊一起住。」

這個草莓，不是一般的草莓，結實又強壯，這家廣告公司她一待就是快三年。

隨後我問了阿杰，你有印象深刻的面試經驗嗎？

阿杰在全球知名的網路公司上班，六年多來表現非常優異，人家說他官運亨通，談話中，我倒是覺得他總有一股不服輸的業務精神。

阿杰跟我們分享，有次跟著老闆進去會議室複試業務人員，這是一場「多對多複試」。面試官三人，應試者有五人，很創新又多元的面試方式。這種面談法的優點是，可以立即看出應試者在競爭環境下的突出表現，也可以找到具有大將之風的好手；缺點則是對於臨場反應較差，但是專業素質優異的好手，難免會有遺珠之憾。

進行的方式是，面試官要求五位應試者，逐一用英文自我介紹兩分鐘，第一輪高下立判；第二輪面試官依序用中文針對特定問題詢問其中幾位，第三輪再針對仍有疑慮的問題，詢問某位特定應試者。這時候就發現，連續兩輪都沒被問到問題的某位應試者，開始低頭滑手機，這時坐在觀察區的阿杰都看傻了眼。

最後公布的結果阿杰一點也不意外。錄取三位，刷掉的兩位，一位是已表明來外商是學東西的，兩年後還要出國念書，另一位就是那個滑手機的應試者。

新人想的和主管不一樣

由此可知，不管學歷再高、資質再聰穎，最後仍將接受職場考驗。連面試都會遲到、面試者心不在焉，有多少老闆會給第二次機會？專業技術與能力或許都有培養的可能，倘若對於職業的態度不良、敬業精神不夠，又如何能在眾多職場競爭者中脫穎而出呢？

去年國內某知名人力銀行調查，職場工作者前五年對職場的需求，這份問卷同時調查了主管與員工，弔詭的是，兩份調查結果卻大異其趣；主管覺得新人要求的前三名依序為：好的待遇、工作的安全性、升遷與成長。而新人填出來的答案竟然依序是：有興趣的工作、讚賞員工的成就、歸屬感。

這答案跟各位想的一樣嗎？

我開始的想法也覺得不應如此，但這幾年輔導公司的經驗越多，職場教學歷練越久，我越覺得有道理。

大家都戲稱台灣職場新鮮人叫「草莓族」，真的所謂七年級都是「草莓族」嗎？我看不然。這或許是所謂職場主流的五、六年級生擔心自己未來被取代，或是看不起跟自己不盡相同的年輕人，發明的新名詞吧？

我並不否認，職場新鮮人因為在那個台灣環境變好的年代出生，或許是他們的原罪；想想我們剛出社會時，不也被老鳥釘到滿頭包嗎？

多給新人機會吧，或許他們不是最優秀的職場工作者，但他們對於人生目標的執著程度都展露無遺。

憲哥在這送給還有夢想的年輕人：「你從哪裡開始並不重要，重要的是，你到底要去哪裡。」

06 從小地方看他們致勝的關鍵

「精緻的服務」與「深度的文化」，是台灣拉開兩岸產業差距的唯二武器。大家都是從22K，甚至更低的薪資開始打拼，靠著專業與熱情，直到外人看到的這一點小小成績。這是提袋與筆記本給我的啟示。

細心的店長、發哥與軟實力

有次受電影公司之邀看了一場試映會。由於當天我從台中北上，身上提著大包小包，顯得有些笨重與不便，於是到先前上過課的連鎖門市，找了位我認識的店長，順便拜託她，幫我顧東西。

電影看完後，又忙著別的事，所有事情完成後，已經接近十點，百貨公司即將打烊。我擔心東西拿不到，急急忙忙再回到三樓拿我的東西。店長為了等我，延後了下班時間。我看到原本裝書的舊提袋，外頭已經換了一個嶄新又漂亮的新提袋，我問她，為何幫我裝了一個新提袋？

她回答：「舊的已經快破了，我怕你裡面的書很重、很多本會掉出來，也算是順便幫我們公司打一下廣告啊！」

我直說：「妳好貼心。」

她的細心還不只如此。她特別把我叫到旁邊說：「憲哥還記得上回上課時，我們店裡有位的優秀的組長嗎？她下周要接受雜誌專訪，給她鼓勵打氣跟讚美一下吧！還有，別說是我說的喔！」

我當然照辦。

離去時，她不忘送我走出店門。行走中，又提醒一位店員要做好文具區的排面整理，我頓時覺得，難怪她會成功，這就是所謂的軟實力吧。

另一個軟實力的例子是，有次我想把比較少開的大車賣了換小車，車款的營業據點就在我家對面不遠。當天遇到的銷售員非常專業也很熱忱，名片上還有「年度精英業代」字樣。他非常熱心的介紹這款新車，帶著我試乘、找二手車商估我的舊車。臨走前，很積極的要我留下資料，並試圖當天結案。

我告知他，先讓我去吃中飯，明天一定回你消息。其實，我想要打電話給發哥。

發哥，是我的汽車顧問，已經賣了我兩部車，過去十年保險、理賠、服務都是他在做。只不過他最近比較專注在雙B與租賃業務，我們比較少見面，不過年節還是會收到他的簡訊與問候電話。

專業與熱情造就服務力

「發哥，我要買車。」

我在電話那一頭，把我的需求與相關訊息跟他說後，約好四點來我家。

不過沒想到，三點不到，「精英業代」已先一步到我家按門鈴。他說要送我來店禮，老婆先一步把他拒在門外。我忽然感覺，他真的好有誠意又積極，以我的標準，他已經合格了。

四點一到，發哥出現了，他那本泛黃的筆記本十年沒換過，裡面記載了所有客戶換車的訊息。翻到了我那一頁，我瞠目結舌，關於我車的相關紀錄，密密麻麻、鉅細靡遺，經過他的三寸不爛之舌，一個小時後，我簽了合約，也把舊車一條龍的給處理掉了。

他已經賣車二十多年，經手處理過近五千輛新舊車買賣，也提到了很多我以前同事的工作變化，簡直就是「車通、人通、訊息通」。

我問他，二十一世紀，為何不用筆記型電腦、平板電腦來服務顧客呢？他提到：「這是我二十年來的寶，我捨不得。」

其實我心中浮出的一句話是：「我也捨不得換掉你。」

隔天，發哥把我的舊車牽走，還準備了一台剛洗好、打好蠟的小車，供我當作新車交車前的代步車。

女店長與發哥的例子都告訴了我們，企業經營的差異化就在服務，而且決勝關鍵就在一些微不足道的小事上頭。說穿了，這兩件事好像都沒什麼，但他們兩位都做得如此自然。

更讓我感動的是，女店長因為去年騎機車出車禍，右手還未完全康復，需要靠復健才能完全恢復。而發哥年紀大了，不像「精英業代」這樣年輕充滿幹勁與熱情，可是展現出來的是立即、精準、老練的業務操作技術，對於從事或是有心從事業務工作的人來說，前輩的確是值得學習。

我常說：「專業讓你稱職，熱情讓你傑出。」上述兩位都算是我的朋友，在他們的領域中，持續養成專業技術，對工作表現持續精進，對於人的關懷從不馬虎，養成了他們雖然年紀差距甚大，但都擁有同樣的工作表現。

或許，薪水的多寡是建立在你花了多少心力上，當心力與責任感成為工作的一環時，無論年紀，軟實力都會成為工作致勝的關鍵。

07 我該不該在同間公司，從菜鳥待到退休？

幾年前，我到某家公司上課前，人資部主管丁老大為了課程訪談以及禮貌款待，晚餐時特別希望我留下，跟他以及負責訓練的同仁共進晚餐。席間我特別問他：「貴公司的福利如何？」他逗趣的回答：「公司的福利好到爆，公司若沒趕我走，應該會待到退休吧！」

年前，我收到丁老大的私訊，他被公司資遣了，他在公司待了二十一年半。

只是出席，其實無功

老實說，他們公司福利真的很好，好到沒話說，相較於同產業的其他公司，福利與用人制度都算是業界翹楚。丁老大從退伍後的第二家公司起，就在這裡服務，從人資辦事員開始做起，到人資專員，期間也歷練了人資課長、總務課長、人資副理、經理，到協理，最後卻被公司資遣。因為丁老大熟悉各種人事規章，公司也沒虧待他，該給的資遣費一毛也沒少，他在年前含淚離開該公司。

除夕前幾天，他約我吃飯，於公於私，我都想跟他聊聊。

五十出頭的中年男子，要低聲下氣請我幫忙介紹講師的工作，我知道，這需要莫大的勇氣。我不想刻意給他希望，更不想潑他冷水；以我對他的了解，很難在講師工作上有任何機會，只想聽聽他吐露心聲，我就安靜的當個傾聽者。頓時，在企業內時常對外部講師頤指氣使、指指點點的偉大協理，那天突然間變成一隻小花貓，我真的為他感到不捨與唏噓。

丁老大：「憲哥你知道嗎，我對公司有多忠誠？二十多年來，我對公司做出多少貢獻？甚至我身體不舒服，都還忍耐且準時來上班。這些年來，累積多少年假未休，幫公司培育出多少優秀員工？公司換了經營階層，我竟然在第一波資遣員工名單中，你說，公司是不是很無情？」

我仔細地聽著。

他繼續說：「我本來以為，人資最高主管，就算公司經營不善面臨倒閉，也應該是最後一個幫公司關燈的人。沒想到去年公司業績大幅下滑，我竟然在第一波名單中，我兩個兒子還在念大學呀。」

聽完他的訴苦後，我只有一種感覺：「出席無功，創造價值才有功。」

大家不要以為只有基層員工會流動，高階主管的轉換戰場也是司空見慣。我常跟學員開玩笑說，不管你們怎麼動，只要還在產業內，上課都會遇到我。

在甲公司遇到的問題，到乙公司就不會出現嗎？離職前對甲公司的厭惡，對乙公司的憧憬，轉職後會成真嗎？其實不然。

轉職只是企業人力的重新盤整，工作者該面對的，終究還是要面對。

終結抬轎人生，展開當責人生

以現在台灣的環境而言，各個行業要能從一而終待到退休，已經是緣木求魚了。至少比起二十年前的產業環境變數複雜許多，就算能在同公司繼續待到退休，職場工作者到底該不該這樣做呢？

我個人並不鼓勵，原因有三：

1. 退休前十年，資深員工對公司產生的邊際效益與薪資價值會逐漸下滑，至少比起員工在任職第三年到第十五年所產生的價值還要低。此時，公司若遇到一個風吹草動，資深員工很容易變成首波開鍘的對象，理由無他，就是因為薪資太高。
2. 年資過長很容易讓員工自然而然養成待在舒適圈的特質。不是說資深員工不好，而是環境與人性使然，此時「溫水煮青蛙」的效應很容易產生。
3. 「職業生涯」四字，本身就含有磨練、歷練與高低起伏的意含存在。在同公司、同一個工作職能（job function）待太久，會讓人「自動缺少」更大的磨練機會，會大幅提高自願或非自願轉職時，身上具備的謀生特質產生匱乏的風險程度。

在這裡，憲哥給大家一些建議：

1. 我的「薪水是顧客付的，不是老闆付的」。服務顧客不是讓老闆開心，而是磨練自身能力。當公司顧客群明顯出現異狀時，就是高風險來臨，不要只看老闆喜不喜歡你。
2. 公司每個職位都很重要，而你來做，確定會做得比別人更好。就算你職位再普通、影響力再小，應該都要能改變一點點的現狀。
3. 「出席無功，創造價值才有功」。不要每天口口聲聲提你來公司幾年，要常常想，你若是公司老闆，還會要你坐這個位置嗎？
4. 公司請你來，是要你承擔責任、解決問題、榮辱與共的，不是要你在那邊每天抱怨東、抱怨西的。

5.沒人能預知明天，「不斷學習」絕對是工作的其中一部分，這一點要切記。

最後，為何我可以斷定丁老大不適合當企業講師？因為在同一企業抬轎二十多年，如今五十多歲想出道的他，才發現自己不太會製作教材的power point，以前這些資料都是部屬在做，他只負責上台報告。現在才發現自身核心競爭力與新職場的核心競爭力相距太遠，真的已經太慢了。

所以建議大家，不要等到像丁老大一樣，驚覺自己不被公司需要時才感歎公司沒有人情味；隨時準備好自己，即使此處不留爺，也自有留爺處。

重點筆記

- 找到自己被看見的點，「從小處發亮、從大處閃耀」。
- 先試著付出與學習，給自己一個機會，鎖定正確目標並且持續努力。
- 工作無分好壞，只有適不適合。
- 你從哪裡開始並不重要，重要的是，你到底要去哪裡。
- 當心力與責任感成為工作的一環時，無論年紀，軟實力都會成為工作致勝的關鍵。
- 出席無功，創造價值才有功。
- 就算你職位再普通、影響力再小，應該都要能改變一點點的現狀。
- 沒人能預知明天，「不斷學習」絕對是工作的其中一部分。

Part 2

與同事主管相處，是一輩子的功課

職場裡任何同事的關係，都不一定是朋友關係。同事關係是一種「你喜歡他，就容易相處，不喜歡他，也要試著相處」的關係，而老闆肯定是其中的代表人物。

沒有員工可以選老闆，都是老闆選員工。你跟到某老闆，未來只有兩條路可以走：第一，離職換掉老闆；第二，好好相處跟他配合。絕對沒有「抱怨」這個選項，除非你自己創業。

不過相信我，創業問題更多。

我在從事房地產工作的時候很討厭某位他店同事，每次帶看他的案子「動作」一大堆；不但虛情假意，還會說很多假消息來逼迫我的買方，久而久之我就不帶看他的案子。後來我才發現，不只我有這種感覺，很多同事都有這種感覺，時間一久，他的店長才要求他不要對內部同事放虛假又誇張的消息，之後他就離職了。

縱使你很討厭在工作職場中那些偽裝或逢迎的人，但你不得不同意，這些人在社會中確實比「有話直說」更讓人喜歡。你討厭臉上戴面具，覺得那樣超累，但沒戴面具，不一定讓你變得更受歡迎。

與主管相處，我認為最重要的是「換位思考」，也就是每次與主管交手都要想著：「如果我是他，我會怎麼做？」然後再想：「那我此時此刻應該做什麼，對我們的關係或工作才有幫助。」這二十三年來我都是這樣想的，至少目前的我一路順遂，還算滿意。

就算我坐在板凳上等待替補，我也要讓老闆覺得我是一個可以利用的人，甚至會做得比先發更好。

「老闆關係靠經營，同事關係平常心」，如果你問我職場上的人際相處有啥祕訣，就是這十四個字無誤了。

08 你不必喜歡你的主管，但要管理他

管理學大師彼得・杜拉克曾經提到：「你不必喜歡你的主管，更不必恨他，然而卻必須管理他。這樣，主管才會成為你達成工作目標的『資源』。」但所謂的「向上管理」不等同於拍馬屁，畢竟這是兩種不同的行為，雖然它們僅是一線之隔。

好員工，就是非你不可嗎？

我們無法否認職場環境的複雜性，但若要簡單詮釋職場的複雜關係，我認為不外乎「縱向關係」、「橫向關係」和「內外關係」。不管是那一種，永遠和主管脫離不了關係。

以我有位學員小佩來說，五年前自某大學企管系畢業，雖然不是

出自頂尖名校，但我們認識時，她僅是上市公司人力資源部的小小專員。但靠著她的努力與老闆的栽培提拔，連升三級，今年底已晉升人力資源部的資深課長了，旗下也帶領三位正職員工加上一位兼職員工。

有時在課堂中遇到小佩，她總是會在中午休息的時候跟我聊聊天；貼心的關照學員的學習狀況，盡可能協助管顧公司的職課助理，充分扮演好講師、助理、學員與公司四個構面間的溝通橋樑。

她不是那種你一看就會印象深刻的女生，但是只要跟她聊過天，就會發現她的親和力以及精準的溝通技巧。該她表達看法時，犀利且到位，不該她說話時，沉默聆聽。

後來我發現，為何每次重要的課程小佩的老闆Kyle從未出現？每次都是小佩督課？是老闆不關心教育訓練，還是非常信任小佩？

小佩有次去南部出差，我跟Kyle共同參與某堂課。我跟他同年次，因為共同認識許多人資的朋友，一見面就很有話聊。

Kyle說：「憲哥，你一定不相信，人資部要是沒有小佩，我們就掛點啦。」

是嗎？怎麼可能？

Kyle說：「公司上下都覺得人資部是衙門，五年前自從小佩進來以後，我們部門的氣氛變好了，跨部門溝通也順暢多了。最重要的是，我自己比較悶，善於邏輯分析；但小佩活潑外向，擅長溝通，她的確是我的最佳助手。」

我看到Kyle眼神中露出閃耀的光芒，它彷彿告訴我：「小佩就是我的愛將。」

好員工向上管理的五大成功要素

我跟Kyle邊吃中餐邊聊天的對談中，從他的口中整理了小佩向上管理的五大成功要素：

1. 清楚老闆對自己的工作期望。

Kyle說每次年終（中）面談，老闆把對員工次年期待說完之後，大部分員工不一定會把每件事都放在心上，只有小佩會仔細記下。兩周內反覆與老闆討論，確定這些期望是不是老闆真正想要的，接下來就落實執行。這是Kyle最欣賞她的地方。

2.「主動」解決問題。

大部分的員工都是正面但被動的過客（passenger），部門內就屬小佩是正面且主動的參與者（player）。她總是有靈敏度可以主動發掘問題，並協助老闆解決問題。這一點，Kyle認為是小佩的職場天賦與敏銳度特別高。但我倒不這樣認為，我覺得是小佩總是能站在老闆的立場想事情，這對她未來擔任主管也會很有幫助。

3.小佩做出的決定，都會讓主管知道。

這種「be informed」的能力，小佩的確做得很好。我們都清楚，老闆不可能看管部門內所有大小事，但只要是小佩做出的決定，無論是將老闆放入郵件副本對象中，或是一通電話留言、一張便條紙、一則LINE的訊息，老闆都能清楚掌握部門動態，久而久之就會產生信賴感。那種感覺就是老闆與副手、心腹的感覺。而她最厲害的地方就是，這些讓老闆被告知的管道，會讓老闆在「被尊重」與「覺得煩」的中間，找到一個最佳的平衡點。

4.出自小佩的訊息，「準確性」超高。

任何文件、資料、報表，甚或是小道消息，只要是出自小佩，精準程度非常高。他說小佩的報表不是最快交，但都能在期限內交出，而且正確性極高。他說是良好的工作習慣與時間管理使然，我也百分之百同意。

5.小佩會期待老闆給他「最真實回饋」。

小佩最大的優點就是這個，每次在打考績期間，小佩總是開門見山要老闆講真話。第一次Kyle還嚇一大跳，哪有員工會要聽真話。久而久之，老闆也非常清楚，哪位員工要求最真實的回饋，他往往就是老闆最信任的員工，這一點，我也十分認同。

你一定會問，天底下哪有這種員工？我相信有，我跟小佩雖然不是時常接觸，但從她在職場的敏銳度，我從老闆與同事間，早已時有耳聞。

我問Kyle：「小佩有沒有缺點？」

他回：「有，她在我的部門，讓我的考績總是因為她而提高標準，其他同仁的考績，我就真的很掙扎了。」

所以囉，職場環境中，「大多老闆選員工，鮮少員工選老闆」。若是想要在職場平步青雲、長久發展，形塑一套適合自己的向上管理學，的確是上班族三十年的奮鬥功課啊！

09 不要害怕直接面對老闆，機會就是你的

擔任企業講師有趣的地方就是，可以在很短的時間之內，看到形形色色的企業經營與管理模式，以及職場間微妙的人際關係與互動。

老闆來了，我該不該上去迎接？

某天台北的平日課程，我到一家規模不算小的上市公司總部進行一級主管的當責執行力課程，ＨＲ特別囑咐我，總經理可能在下午兩點多，會進到教室關心課程與學員學習狀況。我直說：「沒關係，來吧！」

兩點二十五分，總經理果真出現，他那種不苟言笑、嚴肅冷酷的臉部表情，連我看了都不寒而慄。學員並不知道總經理到場，ＨＲ中只有

坐在後方的招募專員Ann在現場。人資經理與訓練副理都不在教室，但Ann坐得老遠，始終不敢靠近老總。只見管顧老闆連忙上去遞上一本講義，跟總經理報告目前引導的遊戲進展與課程進度。我示意的跟他微笑揮手，他也比出手勢要我繼續。

休息時間，人資經理與我一同向總經理簡報今天課程的要點。總經理單刀直入問了我一句：「憲哥，你覺得這一梯跟上一梯有何不同？」我簡單用了三十秒跟他說明後，他跟我握手，面帶微笑的說：「謝謝你，辛苦了。」並接著說：「不用理我，我只在後面看，你就按照原先的課程規劃繼續進行就好。」

接著，人資經理禮貌性的端了一碗冰豆花給我。隨後管顧老闆靠過來跟她聊天，當說到「為何Ann這麼怕總經理」時，人資經理說：「訓練副理Jessica是Ann的同梯，三年半前一起進到公司人資部，三年後，Jessica已經高升副理，Ann卻還在當專員。」

人資經理繼續說：「她們兩位都是國立大學相關科系畢業，條件本無差別太大，這幾年，Jessica每每在重要場合上台報告，都表現得落落大方；而Ann總是閃躲上台，真的要簡報時也零零落落。這次連總經理坐在旁邊這大好機會都沒有把握。唉，升遷這件事，我真的很難幫得了她。她今天這樣，我一點也不意外啦。」

成功關鍵無他，就只是「敢」而已

有本書中提到，舉凡這些CEO、CFO、CTO、COO等「CXO」，都有一些「α型人格症候群」。這群生活在競爭、權力掛帥環境中的高階主管，雖然看似位高權重，但是也常處在高處不勝寒的窘境中。也正因為「數據導向」、「缺乏耐心」、「咄咄逼人」、「時間壓力大」、「令人生畏」等五大人格特徵，致使他們位置越來越高，內部朋友卻越來越少、沒人敢接近他們。

但根據我的觀察，總經理進到教室那一瞬間，他的確望了一下Ann，而她卻假裝沒看見的低下頭去，錯失了第一時間跟老總報告課程進度的時機。老總似乎也覺得她不行，更沒繼續多問，他倆坐得最近，卻像最陌生的兩個人。

然而面對高階主管的口頭簡報該如何做呢？我問了一下管顧老闆Tracy，妳剛剛靠過去跟老總說了什麼？

她笑著說：「也沒什麼啦，我就小聲說：簡總經理您好，我是××企管顧問公司的課程負責人Tracy，我花三十秒跟您報告一下課程進度。憲哥前面四十分鐘在帶某某遊戲，目前正在做課程後續的引導與收斂，一分鐘前研發部經理Jack問了一個問題，憲哥正引用『賽局理論』說明他的看法與建議，歡迎您跟我們共同參與。」

我大笑，直說：「哈哈，妳真專業。」Amy笑得更是開心。

我問：「總經理說了些什麼？」

管顧老闆說：「他說，很好，很好啊，後面還有四梯的課程，全部按照進度繼續開。」

在此，我整理這個案例的五大成功關鍵：

1. 老闆也是人，他進到陌生場域時，也希望同仁適度關心他，即使僅是遞上一本講義，也是基本的禮貌。

2. 在上課的教室裡，只能小聲說話，而且不能講廢話，三十秒，很剛好了。

3. 簡報或報告真的與口才無關，言簡意賅、切中要點肯定是關鍵。

4. 讓總經理清楚掌握「時間與進度」，「三十秒」、「四十分鐘」、「一分鐘前」都是很讚的報告語言。

5. 清楚報告進度後，將CXO高階融入整個場域，協助他迅速進入狀況。

我終於體認，「『簡報』真是職場中最不公平的競賽」，但任何人都可以輕鬆觀察出誰是用心與不用心的人。

孟子曰：「說大人，則藐之。」千萬不要害怕CXO，多試著跟他們談話吧。電梯裡、茶水間、走廊上，甚至會議室，他們也是平凡人，更不想高處不勝寒啊。

10 不要小看公司的尾牙，上台表演大加分

每年在尾牙前夕的金融業內訓課程中，員工在教室裡互相討論的不是課程，而是晚上的尾牙。甚至，有幾名學員早上的髮型，像是特別設計過。果不其然，這幾位學員還沒開始上課就跑來跟我說：「憲哥，我們公司今天晚上尾牙，我們是表演者，今天下午三點會先離開喔。」我連忙說：「加油，加油。」

尾牙摸彩順序，原來大有學問

對於剛畢業的我來說，人生第一次參加尾牙很特別。

民國八十年進到電子公司擔任人力資源管理師的工作，隔年就因為人資部籌辦廠區尾牙，老闆要我想辦法弄出一個表演節目。第一年還

反應不賴，第二年順利成章就接下尾牙主持棒，開啟了我跟尾牙的不解之緣。隨後每一年的尾牙，我好像都有事，不是主持人，就是表演者，要不然就是福委會的成員；要能好好吃一頓，真的不容易。

大公司的尾牙為何都有員工上台表演？不能好好吃頓飯嗎？不能只有摸彩嗎？尾牙的過程代表了哪些意義呢？其實有幾點可以觀察：

1. **尾牙摸彩人的順序**：好像都跟這個場域的職位與影響力有關。抽出大獎的摸彩人，一定要經過刻意安排，這位在壓軸時才出場的大老闆，往往跟請歌手助陣的尾牙，或是各縣市的年終跨年晚會，唱壓軸的大牌歌星的出場順序一樣。千萬不能得罪人，尤其不要得罪老闆們。
2. **主桌的安排**：肯定是華人世界最重視的禮儀。看起來彷彿大家都不在意的尾牙座位，其實每個人都在乎他今年到底坐哪個位置。
3. **敬酒政治學**：老闆跟誰敬酒？敬酒時說了什麼話、誰說最多話、跟誰勾肩搭背？或許是酒後吐真言，我常看到老闆在打年終考績時說不出的話，在尾牙敬酒時就全盤托出了！

4. **要求老闆獎金加碼**：臨時要求老闆加碼貢獻現金獎，固然可以拉抬尾牙終場氣氛，若是老闆也欣然接受，主持人肯定被記上大功一筆。問題是，老闆若沒有心理準備，就被主持人或台下起鬨部隊瞎攪和，老闆肯定會記仇。若是老闆可以把尾牙獎金報公帳也就罷了，你要老闆私下掏腰包，老闆又是被半強迫，主持人或福委會，肯定黑掉一大半。

5. **觀察今年流行曲與流行語**：從韓國舞曲nobody、江南style、到保庇舞曲，再到跳針跳針姊姊姊姊，從海角七號、那些年、色戒、軍教片、眷村懷舊片，到鋼鐵人、蜘蛛人、〇〇七、復仇者聯盟的模仿秀……尾牙肯定就是一場年度流行話題的縮影。

6. **部門表演，是公司大型的角力賽**：部門表演活動時的參與人數、表演水準，以及上上下下動用的資源，肯定是一場公司內部的角力賽。咱們肯定要輸人不輸陣，業績做輸人也就罷了，連尾牙表演都輸人，部門主管在公司內部想紅，很難。

尾牙一定要上去表演嗎？

我就曾經聽過某位科技業高階主管的選才標準：「專業能力都還可以培養，我要挑一位明年可以幫我解決部門尾牙表演的員工。」

在老闆的眼中，工作績效固然很重要，在一年一度的公司大型尾牙上，部門的員工，可以卡上什麼位置，主秀表演、主持人、福委……肯定也是老闆在跟大老闆邀功時的重要功勳戰績。這個政績就會被以「全方位的員工發展」來呈現。

老闆們若被福委邀請上台做反串表演、歌曲舞蹈表演時，這就表示在這場域內還有某種影響力。表演好壞另當別論，被員工大笑一下也無可厚非；若身為老闆連上台機會都沒有，沒有表演，沒有上台摸彩，這老闆的下場與地位已經略知一二了。

員工也一樣，如果你的年資深到五年來連一次尾牙表演的機會都沒有，那麼，請注意飯碗可能會被年輕人取代。

然而，員工上台表演到底有什麼優缺點呢？

優點1：能見度大幅提高。

我常說，在職場裡打滾工作，好歹要有個三、五首的「人生主打歌」，必要場合可以救急一下，尾牙肯定就是救急的場合。主打歌不夠多也沒關係，因為你不會在一個工作場域待一輩子。同樣的主打歌，下一個工作機會還可以用。若你要在同一家公司待很久，肯定主打歌要常常更換，否則幾年後就不紅了。

一首好的主打歌、一個好的表演、一段精彩的反串秀……它可以讓你年年保持在大老闆前的高能見度。

優點2：訓練膽量。

如果你連反串、跳首動感舞都敢了，還有什麼事可以難倒你？越丟臉的表演，顯出你的職涯彈性越大，會越受到員工、同事的愛戴。

優點3：顯示你的多才多藝，創造被利用的價值。

若自己是一個在尾牙晚會上還可以派上用場的人，舉凡表演、主持、活動規劃、攝影、內外部行銷宣傳……雖然看似跟工作無關，但是這非ＫＰＩ指標所產生的職涯影響，絕對不亞於ＫＰＩ指標。讓老闆記住你在尾牙上的傑出表現，這印象肯定比在上千人的公司中，工作表現優異所產生的效果，高出數倍。

優點4：聯繫同仁感情。

利用這一年一度的機會，大家很難得在同一時間為了同一個表演節目練練舞曲、裝扮自己，為共同目標努力，這種感覺肯定是來年同仁共同奮鬥的試金石。

但也正因為自己的能見度提升、才藝被大幅展現、職涯彈性變大數倍、部門同事感情很好，那麼在工作上的表現一定也要相對提升，否則則被冠上「只會玩，不會工作」的稱號，肯定不是什麼光彩的事。

我建議各位職場工作者，當主管點名你要上台表演時，不要拿「很忙」當無法參加尾牙表演的藉口，畢竟這是一個展現自己工作外才華的機會，要好好把握才是。

11 在公司白目亂說話的下場是……

在職場中我們時常會遇到那種，總是在不對的時間，問出不該問出口的問題的同事。這時我們該怎麼辦呢？關於這點，我剛好有個例子想和大家分享。

機會難得卻被白目搞砸

我有位學員Lisa和我說，有天她在辦公室看到一封全公司都收到的發自執行長的信件，主旨寫道：徵募參與公司「電子化與創意改善」的專案同仁。這封信，讓她發現在公司就職三年多以來，展現自我的機會。

Lisa想了一天後，決定先跟老闆Celia報備她想積極參與本專案的意願。老闆鼓勵她要認真加油，可以把本專案當作自己工作能力的最佳磨練。由於只是專案性質，Lisa仍屬Celia麾下，但會利用工作之餘參與公司電子化與創意改善的專案運作。得到老闆支持之後，Lisa信心滿滿的準備下周一跟執行長面談。

和執行長面談當天，Lisa做好萬全準備，連同當天的化妝與服裝都與平日不同，辦公室同事們也都看到她的改變。面試三十分鐘之後，Lisa垂頭喪氣的走出執行長辦公室，直接衝到女廁，三十分鐘後才又回到座位上。

隔天，Celia被執行長請到房間，了解昨天面談狀況。

執行長：「這女孩真的不錯，學歷、談吐、工作表現、外貌各方面都不錯，就是太白目、太像小孩。」

Celia：「怎麼說呢？」

我們昨天聊到最後，我已經決定要邀請她參與專案了，心裡還在盤算要如何跟妳談談她未來的工作分配，我問她：「有沒有問題要問我？結果她問什麼，妳知道嗎？」Celia心裡也很想知道答案。

「Lisa問我：『參與這工作有沒有加薪？兩千也好。』」執行長當場眉頭一皺，把Lisa唸了一頓，雖然執行長事後表明，自己也很後悔唸她唸太凶，不過執行長也強調，員工就是要教育。Celia點了個頭，表示同意，連忙說：「對不起，這是我在工作上指導不周，老闆請見諒。」

於是，一樁好事變成憾事，Celia始終認為Lisa是開玩笑的，但執行長不信。

職場上發問的四種類型

在這裡，我們姑且不論本專案的難度，與未來可能耗費的工作時間。但專案就是專案，或許僅是臨時編組。執行長在信中也說得很清楚，希望有志之士參與公司運作。不管Lisa知不知道這種組織型態的運作模式，或者天生白目，但不可否認的是，她已經在老闆心中留下「愛計較」的印象。

為了讓大家盡量避免犯Lisa的錯，我提出四種常見的職場發問型態。

1.好球帶：一種你想問，對方也能回答的問題。

我想在職場中，尤其是公事，這種問題佔了絕大部分，就像投手站在投手丘頻頻丟出好球一樣。打者也期待這種球路，雙方就針對公事對談，雖沒有太多火花，但職場講究工作效率，這類問題畢竟是主軸。職場中的人際關係若僅剩公事，其實是很彆扭的。

2.阿諛奉承的成人對談：一種自己不是很想問，但對方總想很認真回答的問題。

以前我從事業務服務工作時，看過很多女業務、女祕書，她們總是能一兩句話就讓對方打開話匣子。例如：「陳大哥，好久不見，你看起來越來越年輕了，都如何保養的啊？」「林小姐，你兒子好可愛啊，有學什麼才藝啊？」「老闆，高爾夫球越打越好囉，教我幾招好嗎？」我身為旁觀者，深知發問者不是很想問，只是想套交情，但對方通常話匣子一開，嘰哩咕嚕講個不停。雙方關係的建立，對於業務與人際推展的幫助極大。

3.只是問看看：一種自己不想問，對方其實也懶得回答的問題。

這種問題滿常見的。當大家在趕時間、面對不想面對的人，通常這種問題就會出現。例如：「今天好冷喔，你會冷嗎？」「最近好嗎？忙嗎？」「業務好做嗎？」諸如此類的問題，通常是問的人隨便問，答的人應該也是隨便答答；這種問題對於殺掉些尷尬時間，還挺管用的。但大家不能老是問這類問題，感覺會很敷衍。

4.「孩童白目」類問題：一種自己很想問，對方卻很難回答，或打死都不會回答的問題。

上面的例子，Lisa就是問了這類問題，殊不知薪水是很敏感的，加上專案的成績尚未出現就談加薪，這不是很白目嗎？職場中應該先求表現，再談加薪不是嗎？當我聽到這例子時，我一度以為Lisa是無心，當我跟她相處久了以後，我發現她真的是白目，而且時常問出這類問題，對她在職場的發展，打擊甚大。

講到這裡，給大家幾個衷心提醒：

職場環境是人際關係組成的，做事也要先從做人開始，要掌握公事進度，好球帶問題一定不可少。

但偶爾面對關鍵人物，可以試圖問些對方很想回答的問題，你可以「適度做球」，為自己的人際關係加分；對方回答時，你做個傾聽者就對了，人際關係好，做事必然如魚得水。

但空檔時間還多，人與人間出現話很乾的時候，此時口袋裡要有些「只是問看看的錦囊話題」，必要時還可以殺時間聊聊。

職場中的人際關係變差，不外乎「說了不該說、問了不該問」的問題。我雖不鼓勵大家在開會或人際對談時只當個沉默者，應該要適度表達自己的意見、看法與問題，但說話與發問之前，先環顧現場的對象，這問題他想回答嗎？會造成彼此尷尬嗎？

發問前，多想一秒鐘，相信你在職場的人際關係與辦事效率，肯定會大大提升喔！

12 座位代表權力？真的還假的

二十幾歲在房地產仲介工作時，每位新進業務都很崇拜店長這個職位；能坐在最後面的那個位置，桌面比較大、椅背比較高、位置比較隱密、講電話也比較有隱私。工作歷練久了以後才體會，座位的配置的確有一套不足為外人道的「座位哲學」。

座位的學問原來這麼大

認識二十多年的好友，生日當天打電話給他祝賀生日，沒想到他邀我到公司坐坐。我心想那天也沒事，幾個月不見，馬上答應赴約。

幾年前他還是上市公司業務經理時去過他的公司，座位在角落，辦公室隔板隔得比較高，也很隱密。L型的座位有個側邊桌，方便主管跟員工get together（G/T，外商專用語法，指的是老闆跟員工單獨面談）時的個別指導與對談。

這次去他的公司，座位已經換了，雖然沒問他是否升官，但光看座位就知端倪。

新的辦公座位是獨立區隔間，有獨立門窗，透明的玻璃可以看得到窗外，也可以把百葉窗拉下，方便隱密對談。房間內有台獨立的一對一空調，可自由控制溫度，裡面有一張會議桌，可以擠下六人開會，窗明几淨，看得出來平日有人整理。以我過去認識的他，應該是有祕書幫忙。

名片拿出來一看，五年多來，他已經從業務經理爬到資深業務副總了，可以想見他幫公司打下的歐洲與日本江山，應該是戰功彪炳。

我當然清楚，公司在薪資與職銜上，都有相關規定，尤其越大的公司，規定越多。但實際在第一線的操作與執行上，座位是一種看不見的酬庸與影響工具。

剛來的新人，都會坐在最前面，最靠門或是最靠走道的位置上，主管都坐在最後面。慢慢的，人員會有異動，那些還坐在前面的資深員工，通常會幫他們調整一下座位。或許有時不太能大幅加薪，短時間之內也沒有管理職缺，但很多大的公司，通常會利用年底年初時，在座位的調整上做些文章。

辦公室就像一張大棋盤

當然，有些同仁不喜歡跟主管坐得太近。若是資深同仁被酬庸，往主管的後方坐，此時雖得到主管信任，但兩人坐太近確實會有無比的壓力存在。就像我以前在房仲擔任副手時，剛開始坐在店長前面，好像所有電話開發的功力頓時武功全廢。因為深怕店長會說我哪裡講不對、哪裡講不好，偷偷講私人電話也會怕被主管特別關心。還好我遇到好的主管一路協助我，直到選上店長。

我常說：辦公室，就像一個大棋盤。調動座位，必有其意義存在。站在將、帥旁邊的，通常都是比較厲害且高深的仕（士）與相象）。

也有些公司不喜歡科層組織的傳統窠臼，沒有非得一定要在大辦公室工作、老闆一定要坐最後面或是最隱密的地方。多半新潮的辦公座位安排是，大家都在同一區域工作，不分職位大小，大家都坐在一起，座位的面積也都差不多大。

這種座位安排的好處是，主管比較容易跟員工打成一片，溝通順暢，大家會比較像是家人。這種形式的組織，通常都會直呼主管或同仁的中英文名，通常不會冠上職銜的稱呼，會拉近彼此的距離，無所謂好壞，端看組織的特質。

像我以前待過的外商，只有董事長有自己一間辦公室，其餘的主管與員工都在辦公區工作，是非常「以人為本」的組織型態。但缺點就是，座位酬庸的空間相對變小很多。

或許，對老闆而言，座位的安排是種資源與籌碼；對員工而言，座位的大小與位置，則是一種可以努力的目標與方向吧！

13 流言、攻訐是職場致命傷

今年五月，Eason與Ted在公司所舉辦的獎勵旅遊中，還在峇里島度過了五天四夜黃金單身漢般的日夜相處，如今卻是形同陌路的同事。

當祕密莫名的被傳播……

去年因為業績競賽達到高標，同部門的同事幾乎都取得一席無須自費的國外獎勵旅遊名額，大家期待了很久，旅遊也辦得很成功，兩人變成無話不談的好朋友。

但事與願違的是，今年的產業變化極快，公司決定將原負責北部地區的該部門，與原先負責政府組織的隔壁部門合併。原來身為小部門主管的Eason，失去了大部門經理的職位，成為新部門老闆Elaine的副手；原為Eason部屬的Ted，如今職位與Eason幾乎平行。

事實上，北部地區業務部做得遠比政府部門業務部好得多，只因為Elaine是業界的老手，總經理從業界高薪挖角她來，取得新部門主管一職。

一個三平方米大的區域，坐著北區業務部五個人。除了Eason與Ted以外，有一位比Eason更資深的老鳥、一位剛進來的菜鳥，以及一位業務助理。

總經理對於部門合併案，禮貌性的徵詢了Eason的意見，也在第一時間介紹Elaine給他認識。Eason見總經理似乎已經吃了秤砣鐵了心，對部門合併案堅定不已，第一時間也沒反對，加上往上升遷的意願不高，總經理輕輕鬆鬆就擺平Eason。

只因為Elaine向Eason建議，組織合併案尚未定案前，希望不要影響人心，建議他先不要跟部門同事透漏消息。Eason非常尊重新老闆的指示，他沒說、也沒透漏半句話。

兩周後，部門同事都得知這重大消息後，那個三平方米的辦公室隔間，就瀰漫著一股詭譎的氣氛。

Eason被收買？他另有發展？他出賣同事？他把我們當外人……所有的耳語馬上就傳開。

於是，同事之間隨即分成兩邊，一邊是贊成合併，一邊是反對合併。但不管贊成或反對，合併案木已成舟。

一定要小心且保持正面思考

我建議職場工作者，還是盡量減少上臉書對公事發文，以及降低瀏覽同事文章或按讚的頻率，尤其是老闆與部屬之間。

Eason發現大家都躲著他，也發現自己都看不到同事間的臉書動態，那種被隔離的感覺，從未有過。以前同事間都會在臉書上互相打氣、互相吐槽，如今這種互相依賴的感覺不在了，很陌生，也很無助。

吃午餐不就是要互相招兵買馬一下嗎？如今這種感覺也沒了。就算感覺遲鈍的人，都能清楚知道自己被孤立。

Eason自認自己沒有昧著良心做事，或許唯一的瑕疵是，沒有第一時間跟北區業務部同仁討論合併這檔事。被排擠的滋味很不好受，尤其是辦公室這種天天會見面的組織環境中。

我曾經在民國八十三年間，發生過被辦公室女同事們，將大夥抽屜掉錢的離奇事件，嫁禍給一個多月後即將離職的我的慘痛故事。當時我只有三年的工作經驗，雖然已升為主任，但也多次確定我自己不適合擔任HR的工作，而毅然決然投入房地產。要離職前恰巧遇到辦公室常掉小錢，同事就把所有懷疑的眼光投注在我身上。

我也不知為何，那時只覺得主管與部屬慢慢不太愛找我聊天，中午不跟我吃飯；離職前夕沒有卡片，沒有告別會。那時年輕，也不覺不妥，只能悻悻然地離職。沒想到，在離職一個半月後，我才接到經理的電話，哭訴她們誤會我的不安與自責。

雖然被人誤會很不舒服，但接到電話的當下，我唯一可以確定的是：「我離職對了。」以及「或許這是老天給我的另一種考驗。」

現在想想，當時沒有這個機會，我應該不會離職，也就沒有後面六年精采房仲業界的璀璨光芒了。那時的我，覺得自己很無辜，現在的我，學會正面思考每件事。

在我與Eason的例子中，我體會了幾件事：

1. 沒有經過確認的事，千萬要冷靜思考，不可以惡意傳播，因為這會傷了別人，也可能會傷了自己。
2. 凡事必有其正面意義，或許，這是另一個機會來臨前的暗示訊號。

最後我要告訴大家，同事就是同事，畢竟不是朋友，在職場利益糾葛之下，很容易變質，自己千萬要小心面對。只要保持坦然與平常心看待，自己行得正、坐得直，根本就不怕流言攻擊，也只是讓自己看清這個環境罷了，所以大家遇到類似的事時，千萬不要輕易被擊倒喔。

14 不跟團購就代表沒人緣嗎？

某日金融業的理專訓練課程中，我問學員：「在競爭這麼激烈的金融業，你們平常如何降低壓力，應對挫折？」前排兩位女學員連忙回答：「團購。」全場都笑了。

合群與不合群跟參不參加團購有關嗎？

下課的時候，某位女學員靠過來，把她今天團購才剛送來的蛋糕，切一塊請我吃，她說：「我這個月在團購花的錢，高達八千多塊。」我愣了一下，三十秒說不出一句話來。

如果我說，越常待在辦公室的職務類別，越容易讓自己暴露在易於團購的環境中，不為過吧？我在外商工作時的團購需求單，都是祕書放在我們桌上的，然後補上一封email，通知我們截止日期與優惠條件。

Cindy就是我以前的同事，現在在貿易公司擔任中階主管，還是戒不掉團購的習慣。自從淘寶風行台灣後，她每個月的團購金額更是與日俱增。

幾週前老同事一起聚餐時，她還跟我們說裡面的東西多便宜、多便宜，於是，她買了十二條絲巾。我吃驚地問她說：「為什麼要買這麼多條？」她說每條絲巾的花色都很炫麗，很難選顏色，乾脆一種顏色買一條。我回她：「還好，我老婆已經沒上班了。」

在吃甜點時，她說她們公司有位女同事，每次大家在傳閱團購單，或是上網下單要湊人數時，問了她四、五次，要不要一起買？她的回答總是：「不要啦，團購不要找我啦！」幾次下來後，不僅以後大家團購不找她，連吃中飯也不找她，Cindy說她的人際關係真的糟透了。

從前以精緻美食、特色小點為主的團購服務，演化到服裝、各種票券、時尚美容、運動休閒……真是什麼都賣，什麼都不奇怪。然而

「團購」，顧名思義就是要湊出一定的量，少數人不太可能購買極大量的產品，於是辦公室的無辜同事，或許就變成有意團購同事掠奪低廉價格下的犧牲品了。

先不管團購產品是不是有比較便宜，團購變成職場文化之一，是你我無法否認的事實。

然而，「我不想買」，「我沒需要」，「我這個月手頭緊」，「這東西我已經有了」，「這東西我以前買過感覺不太好」……大概是我多年觀察職場學員或同事，不想參加團購的主要原因，但這真是原因嗎？

或許這是真的原因，我也相信這些肯定是原因之一，但辦公室就那幾人，長期缺了你一個，就好像四個人一起打麻將，你老是藉故不打，讓其他三個人總是三缺一，你覺得在這裡，你可以生存下去嗎？

團購是一種療癒文化

或許別把團購視為購物行為，把它視為職場文化。就像是做年度預算，不想做也得做的事。試著跟同仁交流一下，把團購當作一種職場社交，點到為止，當作與同事適度交流，一起共享辦公室團購的樂趣與購物祕訣，也不賴吧？

尤其是享受那種東西一送來，大家在辦公室頓時放鬆壓力，享受驚奇的談論與療癒心情的神奇效果，那種感覺就跟做SPA一樣。不管實際上有沒有芳療效果，但一群男人或女人在峇里島享受SPA芳療，當其中一人說「好棒啊」，接二連三說「好棒」的聲音就會此起彼落地出現。

我雖然自己買的不多，但長時間研究辦公室社交行為，個人對團購的建議是：

1. **團購時建議不要一直說東西「好便宜」**。畢竟每個人對於「便宜」的定義不同，你認為的便宜，對於有房貸、剛生小寶寶、手頭緊的，甚至是家中有不為人知事故的人，都是一筆不小的負擔。帶頭的人，應該盡量描述該產品對於我們這間辦公室同仁的利益（benefit），而不僅只是表面上的便宜（advantage）而已。

2. **想要的很多，需要的不多。**團購還是要量力而為，千萬不要為了顧及人際關係，讓自己陷入負債或沒錢吃飯的無底深淵。

3. **最好跟辦公室同事清楚表明在團購上的大概預算，或者會嘗試購買的品項**（像我就只會買吃的）。讓大家知道，彼此有個默契。你不會尷尬，同事也有依循的標準。

其實如果適度團購可以增進同事情誼，荷包也不致變得太緊，東西也還不賴，我倒認為「團購」是最廉價又有效的職場社交行為喔。

重點筆記

- 與主管相處，最重要的是「換位思考」。
- 清楚知道老闆對自己的工作期望，並落實執行。
- 要求老闆對自己的表現「講真話」，成為老闆最信任的員工。
- 任何人都可以輕鬆觀察出誰是用心與不用心的人。
- 形塑一套適合自己的向上管理哲學，是上班族三十年的奮鬥功課！
- 發問前，多想一秒鐘，會大大提升你的人際關係與辦事效率。
- 職場環境是人際關係組成的，做事也要先從做人開始。
- 自己行得正、坐得直，就不怕流言攻擊。

Part 3

小不公平要不要計較？

我常說：「職場裡小不公平很多，大不公平沒有。」許多人與人的相處問題，當下看來都是痛苦不堪，時間拉長來看都是雲淡風輕。如何讓自己成為一個「被同事喜歡，被老闆利用，被客戶尊敬」的職場工作者，我認為是職場上永不退流行的課題。

或許大家先認知一件事：「職場裡充滿著不公平，是小不公平。」然而面對不公平該如何自處？

之前看了一場棒球比賽，打者擊出球之後，用盡力氣企圖跑上一壘。一壘審比出刺殺手勢，主播與球評回頭看現場重播，很明顯看到是安全上壘。擊球跑壘員怒摔頭盔、一壘手在偷笑的表情讓我非常期待球評的評論，果不其然，球評接著說：「誤判，也是棒球的一部分，這是棒球精彩之處。」在這，我把棒球改成職場也是一樣：「不公平」也是職場的一部分。

老實說，我也面對過職場許多不公平的對待，但對我的不公平，或許就是對他人公平吧。對我非常公平，或許就是對他人的另一種不公平囉。

舉例來說，我得到信義君子的殊榮，公平嗎？我得到全球總裁獎，公平嗎？我得到全國金仲獎，公平嗎？我薪水少同梯兩千元，公平嗎？我們學歷能力都差不多，他比我先升經理，公平嗎？我調到郊區店，同事分到市區店，公平嗎？

我想說的是，世界上根本沒有「公平」二字；法官做不到，總統、宗教領袖、校長、企業名人根本也做不到。但是，所有的不公平在時間拉長之後，都會變成公平了。

公平是一種狀態、價值觀與態度，它根本不能量化。要面對職場的所有不公平，憲哥的獨門心法是：持續讓自己壯大。所有的不公平自然煙消雲散。看看接下來憲哥這幾篇的實例說明吧。

15 我就是有主管緣，有錯嗎？

有主管緣，不難，有同事緣，也不難；兩者都有，很難。

怎麼只有妳不會被罵

六月初的業務會報中，小咪經理硬著頭皮去參加，五月份她的單位業績超爛，已經有戴鋼盔被協理釘到滿頭包的心理準備。

小咪經理外貌可愛甜美，不認識她的人，根本不會知道她已是兩個小孩的媽。平時她的單位都是區域業績指標，同事主管都還滿喜歡她，無奈四月份兩名大將相繼離職，剩下的幾位菜鳥與她一起艱苦作戰卻獨木難撐大局，五月份的業績達成率僅有百分之七十二，是她接任單位主管至今五年多，最差的一次。

區域內單位主管逐一報告上月業績達成狀況。由於全區業績都不甚理想，會議席間，在場員工的士氣一片哀傷低迷。只見協理臉色沉重，對每個上來報告的主管都疾言厲色，要求本月立即改進。尤其是人員流動的問題，還請人資單位派員參加業務會報，共同討論解決之道。

其中針對一位主管報告的簡報，協理大發雷霆，她說道：「你業績爛就算了，連簡報都這麼爛，你到底想不想繼續當主管？」一個大男人被女性主管狂罵以後在台上發抖的樣子，全區其他主管都看在眼裡。

輪到小咪經理上台，大家都在看協理怎麼面對她。印象中，小咪鮮少被協理罵。只見小咪上台後侃侃而談，針對五月缺失整理出兩點原因，並在簡報中列出解決之道與改善的時間進程與實務可行做法。十分鐘報告下台前，小咪才當著大家的面跟協理道歉，她說：「我對不起大家，讓全區業績受挫，我們會馬上迎頭趕上，我跟大家一起加油。」

協理在報告後只說了：「小咪加油，需要什麼資源跟我說，我會幫妳找，妳答應我們的事，希望妳可以說到做到。」

小咪安全下莊，全場主管心裡或許一陣譁然，一堆問號在心裡不斷湧出。

工作重要還是好人緣重要？

小咪會後就察覺，原本大家開完會後都會安排喝咖啡「續攤」，這次竟然其他經理都沒找她。小咪看到其他主管在臉書上的打卡，一陣酸楚湧上心頭；她承認他有主管緣，但主管緣，有錯嗎？協理是女的，主管緣又不是異性緣啊？小咪晚上跟我通了十分鐘的電話後，我給了她一些意見。

我請小咪經理先「換位思考」，如果妳是本單位的主管，喜歡怎樣的員工？用上一階角度看本單位，妳會怎麼看？如果常常這樣想，大半主管與部屬間的問題都會迎刃而解。

首先，人與人的相處很重緣分，我承認有時我就是喜歡某人，但說不出理由的，我就是沒來由的不喜歡某人，也說不出理由的，只能盡量調整自己去迎合別人。尤其是迎合主管，因為沒有主管配合部屬，都是部屬迎合主管管理風格的。但我也要特別提醒身為主管的朋友，你對員工的好惡，肯定是員工私下關係的風向球，對於員工整體公平性、一致性的標準，不可不慎。

其次，主管通常討厭只會抱怨卻沒有解決方案的部屬。小咪在業務檢討會上預先列出上月的缺點，明確列出解決方案，換做我是老闆，我也會再給她一次機會。

第三，公眾場合的口語報告能力實在太重要，職場本是「不公平的競賽」，張三李四兩人一起扛業績。張三做得很好但上台講話說得不清不楚，肯定時常被老闆釘；李四雖然差一點，上台講話卻能侃侃而談、長話短說、言簡意賅，進而給老闆建議或條列出未來該怎麼做，通常會得到主管青睞。

第四，職場的信譽是長期累積的，五年來你都不錯，上個月意外滑鐵盧，一般的老闆給你一兩次機會肯定沒問題，但長期累積在主管心目中的信譽非常不簡單，但要毀掉，卻是一夕之間。我鼓勵小咪，「誠實信用」是職場長期生存最簡單不費力的做法，要學習說謊瞞騙，騙得了一時，卻難瞞住一世，同事眼睛都是雪亮的。

最後，同事就是同事，不一定是朋友，大家愛怎麼傳，那是他們的事，試圖想去迎合所有人，絕對辦不到，要先知道職場團體內誰是老大？持續壯大自己的實力，厚植組織內外人脈關係，小情小愛不需太過在乎，等到有一天，自己的業績持續穩定、高成長，或許主管緣根本不存在了，因為你擁有了不只是主管之外所有人的肯定。

16 加薪要怎麼談才聰明？

台灣長期被低薪陰霾壟罩，老實說，人永遠對自己薪水沒有滿意的一天，但職場環境中許多人對工作抱持著「食之無味，棄之可惜」的態度。對於加薪，總是懷抱著期待，不僅希望擺脫薪水不夠用的窘境，更期許自己能被老闆看見。

職場並不是非你不可

的確，加薪這檔事總是幾家歡樂幾家愁，在辦公室裡悶著頭不講話的人，不是加薪已經到了讓自己滿意的人，就是已經槁木死灰，完全失去信心的人。而我認識的小萍，是後者。

之前在薪資review的時候，小萍就已經整理她過去一年所有幫公司做的事，大大小小鉅細靡遺。我看過她的投影片，真的很詳細，她從約聘時代就在這裡工作，四年多來，直到升任正式員工也只調過兩次薪水，四年來的漲幅不到百分之十，重點是從約聘到正式只有加百分之十。

小萍對經理說：「今年若沒有加到××，七月過後我『可能』會離職。」

經理也不是省油的燈，馬上回擊：「我向上頭爭取看看吧。」但小萍感覺經理雖這樣說，卻不像是真心的。之後和同事提起，資深員工都知道，經理最討厭別人威脅她。

數字出來之後果然不出所料，不僅沒加到該數字，甚至連一般員工平均加薪幅度該有的百分之三到五都不到，只是聊備一格的加了個尾數。當天下午，小萍看著辦公室裡的同事臉上都帶著笑容，而她卻哭不出眼淚。

小萍原先談好的下一個工作，因為晚去報到又失之交臂，但留在原單位實在不舒服，調薪後隔天她向人資拿了「單子」，寫完後遞出去，老闆看了她一眼說：「妳想清楚了嗎？」

小萍：「經理，我可以調單位嗎？」她很擔心留在原單位會很尷尬。

經理：「妳還是離開吧！」

小萍在後面工作未確定，現在工作薪水雖不滿意，但工作內容還可以接受的情況下，把原本的工作搞掉了。

小萍來跟我聊，我不想罵她，但我給她真心建議：「換作是我，員工語帶威脅要求薪水，我也會不高興。」姑且不論她的工作型態與去年表現，但我希望未來她不要再犯同樣錯誤。

職場本就是場不公平的競賽

首先，調薪不是用「嘴巴爭取」的，是「辛苦度」換來的。我不建議讀者和主管說：「老闆，我真的很辛苦你知道嗎？不給我加薪，我會考慮離職！」當這句話講出來就已經破功了。

辛苦不是用說的，要用做的；甚至是演也要演出來。真正厲害的員工都是「做出辛苦度」，那種面對老闆凡是「答應得很痛苦，卻做得很爽快」的辛苦度，是在職場打滾很重要的潛規則。

注意，我不是叫你真的去演戲，你有沒有表現大家都看得出來。我是建議你在調薪前三個月注意自己的一言一行，在老闆心中留下深刻的辛苦印象。就像職棒打者面對即將調薪的季後賽，就算自己會被刺殺出局，也要全速衝上一壘的道理一樣。

其次，公司若不能給你調薪到合理幅度，都會跟你說「共體時艱」。這句話並沒有錯，但一次共體時艱，兩次共體時艱，到底要我共體時艱多久？別傻了，共體時艱是騙你的，「良禽擇木而棲」是天經地義的道理，人力的市場本屬自由競爭市場，同樣的工作若能有更高的薪資，我不會跟你講大道理，你就去吧。但小心的是，公司間的人力市場競爭，薪資只是其中一環，還有很多要考慮的；文化、同事、福利、教育訓練、離家遠近、前景……這些都是。

第三，只有「負責」二字很難爭取到高幅度加薪。尤其是有「我任勞任怨、沒有功勞也有苦勞」這類口頭禪的朋友，只有「當責」的人才有機會。

所謂的當責是「負責＋使命感＋展現績效」，重點還是績效啦。拚小績效的累積很難被看到，聰明的人會賭一把大的績效；有績效的人，讓老闆留下「關鍵印象」真的很重要。簡單說，績效要出現在對的時間才有用。白話一點說，球季賽常打全壘打的人，不如在關鍵時刻的季後賽，能反敗為勝擊出關鍵安打的人。這句話雖有點運氣成分存在，但卻是不變的道理。

最後，還是老話一句：職場本就是不公平的競賽，保持不敗的法則就是，隨時隨地備好自己的核心能力，待價而沽。很多衝動的話別說太早，行有餘力盡量助人，與人為善，做一個可被利用的人。有這心態可持盈保泰，真的，好機會就會出現在你面前的。

記住，面對調薪，很多話不要說得太早，留一條路給老闆，也留給自己。

17 無效的會議，是最浪費成本的事

某日「當責執行力」的課程中，我跟學員共同討論「在職場工作中，浪費工作時間、減損工作效率的十大殺手」。很意外的，全班三十三位各級主管，在分六組的討論中，第一名竟然全是「無效的會議」。

有效的會議才能事半功倍

坐在後面聽講，但未參與討論的總經理聽聞答案後，臉色竟然大變。

其中一位學員的報告與回答最令人玩味：「我是來上班的，不是來開會的。」他心中好似有一股怒火，報告時的衝動和語氣，似乎不吐不快，坐下來時還多補充一句：「公司的會議已經病入膏肓。」全班都笑了，而總經理的臉色則是越來越沉重。

我深入觀察職場工作多年，無效會議的問題不外乎「過多」、「冗長」、「不必要」。除了與會者缺乏信任基礎，對於主席、老闆或公司長期缺乏共識的組織型態以外，其實上列無效會議都有方法解決。

一般的組織平均約花費百分之七到十五的工時成本在開會上，中階主管更高達約百分之三十五，而高階主管幾乎花費百分之六十的工時成本在開會上。所以說，開會真的是很昂貴的行為。

而我的觀察，會議無效肯定是「上樑不正，下樑歪」，在上位者要負大多數的責任。在這裡我舉三個近期看到的例子跟大家分享。

上個月我與久未謀面在清大擔任教職的好友，在校園內的咖啡廳碰面，除了聊聊暑假廣播專訪的內容外，也順便談談今年我在清大校園演講活動的規劃。午飯後，他在圖書館裡預約了一間小會議室，順便約了兩位承辦同仁一起開會。

會議室的預約時間是下午一點到兩點，大家聊著聊著好不愉快。

未料一點四十五分，會議室裡掛在門口牆壁上的小機器發出了悅耳的聲音：「你預約時間還剩……十五分鐘」，頓時大家全都笑了，隨後好友跟我說：「憲哥，你要準備離開了，因為兩點鐘準時會切掉電源喔。」

我說：「真有這麼嚴重嗎？」他說：「真的會斷電喔。」

此時，我學到的會議管理是：「會議室跟好吃的餐廳一樣，一定要預約」。預約後，為防止人性的惡習，輔以科技的協助，必能有效縮短會議時間。

不是開會時間越久就成事越多

三月初我到一家醫美診所，擔任口語表達訓練的講師。下午的演練時段，由於課程助理臨時去處理下午茶的事宜，不在教室內，沒人可以負責按碼錶計時。學員看出我有些不悅，執行長連忙說：「憲哥別氣，我們開會不用助理計時，我介紹你一樣好東西。」

電源插上、遙控器一按，牆上的LED計時器立馬出現「05:00」字樣，他說：「演練時間五分鐘一到，它就會嗶嗶叫了。」

執行長花了一分鐘跟我及大家說：「我們公司開會報告，連我在內每一個人都有限制時間，會議通知上會載明每一個人的時間長短，超時就是下台。」隨後又說：「我們現在的員工，長話短說的能力都很好，但是比較沒重點，才需要你來訓練啊。」我露出淺淺的微笑，一家一百多人的公司思維，從執行長會議管理的成功祕訣就略見一二了。

此時，我學到的會議管理是，會議要有效，「執行的人，尤其是上位者」，才是成功的關鍵。

年後我邀請了十二位企業內訓講師，進行新春團拜以及產業聯誼，並請大家準備十五分鐘的產業觀察報告與過去一年企業訓練的經驗分享。沒想到大家緊張的不是團拜，而是報告。

以這些驍勇善戰的企業講師而言，報告哪會是難事？真正難的是，在十五分鐘之內，讓台下這些老江湖點頭買單，這才是難事。

會前一個月，我知道大家都很認真準備這難度超高的十五分鐘，我的規定是：「超時滿一分鐘，捐助慈善單位一千元，超過五分鐘，全場會鼓掌逼你下台。」

這時有位老師特別show出他在平板電腦上的倒數計時器，就放在簡報者的前方，字體大、聲音響亮，十分鐘後開始出現提示音，隨後每隔一分鐘都出現提示音。上午十點開始逐一分享，中午還吃飯一小時，全部十二位老師分享與Q＆A完畢，竟不到三點鐘，我不是要強調大家有多準時，我是要強調不僅準時，而且過程中，大家時而歡笑、時而省思、時而筆記、時而互動的愉快享受。

有效率的會議或簡報，是可以做到的，而這些老師不僅會說，同時也能做得到。

此時，我學到的會議管理是，有效的會議與簡報是需要「被準備」的。除了日常提升員工的工作技能外，還要養成大家長話短說的能力。試想，面對台下這群人，應該要說什麼，而不是自顧自地，只把你會說的一股腦兒的全都說出來。透過規則、機制、共識和默契，人人都可以成為有效的會議參與者。

最後跟大家分享，影響我會議管理最深的一個人，是信義房屋董事長周俊吉先生，他曾經說：「開會遲到多久，就罰站多久，員工是，董事長也是。」希望大家別再深受會議荼毒了，有效會議，從主管做起。

18 私人情感搬上職場，應該嗎？

如果說辦公室是舞台，那麼廁所、茶水間就是後台；如果說座位區是職場宮廷，那麼餐廳、影印室、收發文件室，就是後院。

八卦隨時流竄的辦公室戰場

忙碌的工作環境中，老闆若要員工完全不談八卦、沒有男女交往，真是難上加難。

幾年前我還在職場工作時，一次星期六的加班，無意間看見一位妙齡女同事與一位俊俏男業務的名字，同時出現在普吉島的旅遊合約中。當傳真機響的那一刻，我以為是我的訂單從跟我一樣命苦加班的採購端傳來的。在欣喜若狂的以為這個月就要達標的當下，沒想到看到的是全世界似乎只有我知道的大祕辛。

一分鐘後，女同事也走進辦公室，拿走剛剛那張傳真，彷彿這祕密仍舊不為人知地離開。她並不知道這對外貌姣好的單身男女正在交往的訊息，已經被第三者悄悄知曉。

我奉行「不關我的事，絕對不會說」的原則，把祕密保持得很好。雖然他們最後以分手收場，沒引起太大的波瀾，但這件事卻讓我印象深刻，也替他們慶幸還好這張傳真是被我拿到。

另一個例子發生在我學妹的公司。幾年前，她們貿易公司發生了一件非常弔詭的事。負責報關的兩位女同事在廁所裡，大放厥詞的說老闆娘怎樣在公司矮化老闆，讓老闆很沒面子、敢怒不敢言。外加老闆娘對待員工的苛刻與尖酸刻薄，還大剌剌地講出名字與發生場景，殊不知老闆娘就在隔壁間廁所無聲的聆聽。

一周後，公司迅速發出徵報關助理的需求，隔週兩人就相繼辭職。不管是被逼退，或是自願離職，「隔牆有耳」這句話，職場工作者不可不慎。

成功與失敗的例子我都看過，印象中失敗的多更多，原因無他，當工作與戀情、公事與私事扯在一起的時候，再單純的戀情，都會變得複雜。不過，也是有成功的經驗。

我在科技業服務時，隔壁部門的祕書與業務，曾經有過一段成功的辦公室戀情。大多數的人知道他們在一起的時候，已是拿到喜帖的那幾天。他們不僅刻意保持低調，而且還掩人耳目、誇張的低調。

所有同事都知道，他們彼此不合。祕書每次催業務報表，只有對這位業務用吼的；業務也常常會開玩笑的說要去追其他樓層的助理，大家還慫恿這位業務趕快行動。殊不知結婚當天，他們在台上才和盤托出一年多來所有交往的祕辛，讓台下的長官與同事瞠目結舌、笑聲不斷。身為當天婚禮主持的我，目睹了媲美奧斯卡最佳男女主角演戲功力的一對戲精，把大家騙得團團轉的全貌。

因為老闆曾經說過，只要公司傳出男女朋友在同一部門，必定有一人要調單位。但這位業務當年的業績很有可能達高標，他不想中途換部門，為此，他們忍了一年多。

不要成為八卦傳播站

不過那些在後台、後院天天發生的事，的確也為每天在煩悶的辦公環境中，多了些許茶餘飯後的調劑話題。

我曾經身為部屬，也擔任過主管，歷經角色越多，越覺得以下幾件事的重要：

1. 在茶水間、廁所、影印室、收發室等辦公室角落的時間，若出現第二名以上的同事，應減少單獨相處與交談的時間。一方面減少被別人誤會打混摸魚的機率，二方面盡可能讓自己減少暴露在八卦危機的風暴中。

2. 沒有確定的事情千萬不要亂傳。一方面建立自己八卦絕緣體的形象，二方面降低傷人或被傷的機率。

3. 小心隔牆有耳。尤其台北市這種寸土寸金的辦公室，不要以為你說的話沒人聽到，其實對方也不想聽。問題是辦公室面積小，加上隔音或隔間不好，就是會有人聽到一些奇奇怪怪的事。

4. 如果是機密或私人文件，要減少使用公用傳真機的機會。個人電腦也要設定離座休眠密碼。治本之道應是公私分明，私人聯繫用私人信箱，公私混為一談必有失誤的一天。

5. 現代人的職場環境已經夠悶了，又沒有交往對象的單身男女肯定更悶。我個人倒覺得「近水樓台先得月」是不變的道理，養成正確的男女交往心態，體諒老闆的管理難度，維護辦公室倫理與大多數人的工作權益，是大家應有的工作態度。

最後我想說的是，我跟老婆二十二年前也是始於辦公室戀情，好運的是她在台北、我在桃園，工作上我們認識，開始交往後我就離開原公司。或許這是我安全下莊，沒被辦公室八卦流言困擾到的原因之一吧！

19 碩士畢業，薪水就能直衝兩倍嗎？

每年七月，我在金融業ＭＡ（Management Associate，儲備幹部）的課程就開始多了起來，短短一個月，就接了三家。

儲備幹部培訓計畫

九點的課，我八點半就到了教室，此時的教室不同以往的冷清。還沒開始上課，這群ＭＡ早就開始進行金融晨報。看到輪值的同學在台上侃侃而談今年的房市趨勢，你絕對不會相信他們只是平均年紀大約二十三到二十九歲的ＭＡ，他們專業而自信、沉穩而有紀律。

ＨＲ見我進教室，連忙跟我道歉，要我稍待片刻，我直說無所謂，正巧在後方順便觀察同學的上課狀況。

這群同學，他們的起薪是國內一般無工作經驗的碩士畢業生近兩倍，薪水是六字頭，六成學員的背景是國內名校的財經研究所，三成是亞洲或歐美的財經研究所，兩位是大陸名校的碩士畢業生。而這樣誘人的薪水與標準，ＨＲ還跟我說今年不好招人，我說：「怎麼可能，薪水這麼高，怎麼會不好招？」

ＨＲ說：「今年全台的金融業都動起來了，尤其是外商銀行，動作更大。」他繼續說：「薪水雖高，履歷表真的很多，但好的人才難尋，報到前還有兩位選擇了別家。」

我開始好奇這群學員今天會有如何的表現，在這裡我不加油添醋，原汁原味地呈現當天我所看到的。

能拿高薪的五大外顯特點

其實我只是外部講師，他們沒必要刻意討好我，在盡可能用心聆聽、用眼觀察的呈現原貌下，我歸納了他們能拿高薪的五大特點：

1. **學歷是品質保證**：全部都是國內外名校畢業，雖不一定全是台大、史丹佛，但學校知名度都很高。要拿這份薪水，門票有燙金，的確是第一步；專業經過認證，肯定品質保證。

2. **綜合表達能力極佳**：金融晨報的過程中，兩位主講者的口條真的讓我嚇了一跳。會後看了資料，一位二十九歲、一位二十四歲，卻能在台上言之有物，把很複雜的金融訊息與房地產概況，說到讓每位同學參與討論，引導與會議的主持能力都屬上乘。這跟我常說的「專業，建立在通俗的溝通上」不謀而合。

3. **紀律與習慣**：很特別的，這些學員有一個共同的特點就是，離開座位時會把椅子推進原位；講義在桌面上放得整整齊齊；下課十分鐘除了上廁所與喝水，幾乎都在教室內；沒有一個人在上課的時候手機響或是接聽電話、滑手機。只要有人在台上或組內發表意見時，就安靜聆聽；發言時會舉手……這些習慣看來好像沒什麼，但對在企業訓練教室裡待了十年的我而言，這些紀律與習慣，都會是新鮮人在職場的決勝武器。

4.**團隊精神：**這是該家金融銀行特別強調的精神，當然事先透過神準的「職業適性測驗」篩選功不可沒。團隊精神也不是口頭說說，十九位學員進行東西軍ＰＫ賽，東軍十位、西軍九位對戰的態勢，大家都使出渾身解數想為團隊爭取更好的成績。脫鞋、汗水、拚戰精神都讓我十分感動。

5.**包容與尊重：**十九位學員裡包含兩位大陸同事，大家一起上課，沒有任何不理性行為。學員中有一路跳級的年輕學員、有口才很好但在遊戲中選錯邊的學員，有人表達稍微普通，但擁有很好的邏輯思維、有人領導能力特強、有人不擅公眾言詞卻擁有高超執行力……大家可以一起學習都是一件好事，世界本是地球村，這種班級以後只會越來越多，團隊尊重異質性與互相包容，是我觀察到的學員行為。

年輕人如果想擺脫低薪，就算沒有燙金的學歷，也必須要有以上這些燙金行為喔！

20 專業知識，不等於專業能力

人生有三大遺憾：不會選擇、不斷選擇、不堅持選擇。學歷，到底有沒有用？

學歷是基本，但不是絕對

聽過我的課的學員就知道，我時常把專家權、典範權放在嘴上，這些是什麼意思呢？

專家權＝學歷＋（專業＋年資）＋口語（或文字）表達

典範權＝專家權＋（人格特質＋行為模式）＋口語（或文字）表達

不可否認，「學歷」是累積專家權的基本門檻，但非唯一要件。

二〇〇七年九月，在當時講師生涯漸入佳境，並且在逢甲大學企管系畢業十六年後，選擇以不耽誤工作的方式，進入中原大學企研所學分班就讀。很多人問我，當講師的社會地位高，收入也好，為什麼還要花時間去念書？尤其我當時大陸課程剛萌芽，機會無窮，我若每周有一天晚上要去念書，恐怕大陸課程會有中斷危機。

事實證明，有好的時間管理，所有的問題都不是問題，念書只要有心。

也有人問我，你自己講課這麼生動也受歡迎，為何還要去念書？我常心虛的回答：「十六年間在職場所有學會的東西，其實都已經講得差不多了。」那種每天output的恐懼與空虛心理，著實與日俱增。

第一堂課選擇了「組織理論與管理」，接下來選了「人力資源管理」、「消費者行為」、「服務業管理」、「企業經營策略與行銷管理」。我不敢說我學到很多東西，但是重溫學生生活，尤其是每周僅一個晚上三小時的學習，是我一周中最幸福的時光。

個人認為，念研究所的考量重點不是學校或老師，而是「同學」。為何名校大家趨之若鶩，私心的說，老師真的不會差異太大，「同學的水平」才是決勝關鍵。

學分班三年、六學科、十八學分的學習時光，老實說，想來混個學分證明的同學不在少數，例如時常缺課、報告偷懶、連簡單英文都看不懂。不過只要進到教室裡的人，大多都是向學與認真的。

念書，就是一種生活方式

不過沒考進來ＥＭＢＡ碩專班，學分證明只不過是一張紙與片段的「所謂」專業知識。

我下定決心報考，在二〇一〇年四月，以榜首的成績，順利考進中原大學ＥＭＢＡ碩專班就讀。不是我多厲害，而是連面試老師都已經認識我，我在學分班的求學精神與求知態度，加上我充沛的職場歷練與榮獲獎項，實力應該不容懷疑。

問題是我還是遇到比我更認真、比我更投入的同學或學長，這一點是我覺得中原企研所碩專班很值得驕傲的地方。二〇一二年六月，承蒙系上老師看得起我，選擇讓我擔任系上畢業典禮領憑代表，風光結束我五年的研究所求學生涯。

講真的，如果一個人喜歡念書，到哪裡都可以念，問題是，你會遇到的同儕，才是你學不學得到東西的關鍵。

對我來說，研究所最困難的是除了時間管理與工作學業間的調配以外，「論文」絕對是關鍵中的關鍵。

那陣子，我除了寫論文外加準備出版第三本書，加上課程多到月月連戰，用「水深火熱」四字不足以形容我當時的人生。寫書很自由，用銷售量及票房決定成敗，我選擇自我挑戰卻樂此不疲。問題是，論文又不能賣錢，也不見得有人要看，為何還要寫論文？如果你再問我一次，我向你保證「論文」才是念研究所必經的「天堂路」。

我現在回想起來，年紀大了，課堂所學也有很多還給老師了，但是論文的刻骨銘心，讓我永難忘懷。或許就是連標點符號、對齊、行距、字距、字體、文字大小、參考文獻、資料來源的標註……等這種慘無人道的訓練，才讓我體會到，千萬不要小看那些做學問的人。每個人都是受盡凌遲與折磨，經過嚴謹的學術訓練才有今天一番天地的，雖然他們不見得很會講課，但光是求學精神，就值得我深深敬佩。

這大概是我念研究所最大的收穫，而這種慘絕人寰的訓練，讓我在編寫企業訓練教案、出版書籍，或是寫商周專欄部落格文章，甚至擔任廣播節目主持人思考訪談架構，都有莫大幫助。

或許你問我，研究所五年時光得到了什麼？我會說：「選擇念書，就是選擇一種生活方式吧！」而這種方式，並不是人人適合。

大部分的人決定老來念書，應該都是為了「馬斯洛需求理論」的第五階段「自我實現」吧。

所以囉，學歷有沒有用，端看你的人生選擇，希望你可以「會選擇」、「不輕易選擇」，也能「堅持選擇」。

不過還是得說：研究，不是一條輕易的路，請謹慎為之。

21 年終獎金代表工作成效嗎？

前面幾篇文章我有提過，在職場上，「大不公平沒有，小不公平常有」，年終獎金也是如此。如果我們天天看中油、台電領幾個月，再看某家餐廳，某個科技大廠年終獎金多到讓人稱羨，我跟你打賭，你永遠活得不快樂。

不公平又能怎麼辦呢？

小多是我在科技業認識的採購專員，我離職七年多一直跟她保持聯絡。今年八月份跟她閒聊時提到，她想利用今年發的年終獎金，跟男友去加拿大多倫多自助旅行，無奈今年公司的業績表現不佳，各方面的數字表現都落在產業後段班。更慘的是，另一名資深機構類採購的各項年度KPI指標都優於她，讓她今年拿到的考績不甚理想，最後連年終獎金也少得可憐，她一面跟我哭訴，順便一面抱怨。

她說那位男採購，不但會陪老闆打球，還會在很多供應商的業務面前施壓，讓所有跟他配合的供應商業務敢怒不敢言。有時供應商業務會來小多這裡抱怨，說他們家採購有多差又多差，小多不勝其擾，但也無可奈何。她認為男性的採購本來就比較吃香，可以應酬也可以對業務頻頻發飆，這些小多都做不來。

我跟小多聊天後的想法只有一個，那就是：「又是一場抱怨職場不公平的吐苦水洩憤對談。」我畢竟是外人，不方便多談什麼，更何況那位男採購我也認識。我最後只問：「那年終獎金領完後計畫去哪裡？」小多說：「去香港。」那這年終獎金未免也差太多了吧?!

我接下來問：「妳覺得年終不公平，會離職嗎？」小多說：「不會。」

她說：「園區今年的年終普遍如此，更何況今年採購的缺真的很不好找。」那該怎麼辦呢？

年終獎金畢竟不是經常性給與，但一般的公司都會有保障底薪制度。換句話說，若是保證底薪十三點五個月的公司，除了每個月的底薪之外，可能會在中秋節加發零點五個月的底薪，以及過年加發一個月的底薪。其實這些所謂的保障底薪，都會在公司經營的過程中預先提撥，否則在年終要公司一下子多拿出龐大的薪資，現金流很容易捉襟見肘。

職場上原本就沒有百分百公平

那獎金的部分呢？那當然還是要看公司的經營現況啦。公司賺錢但若老闆小氣，恐怕員工也很難久留；但公司賺錢老闆也想大方，獎金也要用到刀口上。一般企業都會在年底打考績時，順便連職等晉升、隔年加薪幅度，以及該年年終獎金與紅利，一併跟員工溝通。遇到公司規模較大的企業，也有可能把上述作業分成兩段處理。總之，年底都是主管與員工最兵荒馬亂的時候，一方面利用年底將人力洗牌與盤整，二方面也表達主管對員工一整年的感謝與慰勉之意，年底年初肯定是企業最忙碌的時候了。

有百分之百的公平嗎？我想很難吧！

我最常舉的例子是職業球隊，年度總冠軍也會釋出不適任選手，年度戰績不佳的球隊也會有球員被加薪，一切回歸到球員本身的貢獻度，才是思考年終獎金（紅利）的正確角度。當然在思考員工表現時，也不能忽略大環境與產業今年的變化程度，因為這個因素會嚴重影響獎金發放的水位，當然最後就要看老闆的經營策略了。

回到小多的例子，那天在電話裡聊，我個人給她的建議是：

「多去思考自己除了採購之外還能做什麼工作？」

「不在園區上班，可能還會做什麼？」

「男採購真正贏妳的只是會陪老闆打球嗎？還是有別的原因？」

「男採購清楚知道他的年度KPI指標衡量標準，那小多自己呢？」

「妳真的清楚老闆要什麼嗎？」

我個人對獎金、升遷、加薪幅度、向上管理通常都抱持較正面的態度，畢竟沒人敢肯定自己會在這家公司待上一輩子。任何所謂公平或不公平的對待，都只是「當下」的想法，當時間軸拉長來看時，所有在職場遇到的事，最後都只是一個trigger（觸動開關），一個迎向下次改變的signal（訊號）而已，而我深信這些訊號，最終都會被人生解讀成正面的訊號。

重點筆記

- 讓自己成為一個「被同事喜歡，被老闆利用，被客戶尊敬」的職場工作者。
- 「不公平」也是職場的一部分。
- 主管通常討厭只會抱怨卻沒有解決方案的部屬。
- 調薪不是用「嘴巴爭取」的，是「辛苦度」換來的。
- 績效要出現在對的時間才有用。
- 有效的會議與簡報是需要「被準備」的。
- 紀律與習慣，是新鮮人在職場的決勝武器。
- 每個人都要學著「會選擇」、「不輕易選擇」，也能「堅持選擇」。
- 所有在職場遇到的事，最後都只是一個trigger（觸動開關），一個迎向下次改變的signal（訊號）而已。

Part 4

工作不到一年就想離職？
工作哪那麼簡單

二〇一一年出書以後，我增加了許多演講的機會，尤其是大學的邀約。而在臉書上增加超過千名的年輕好友中，最常在網路私訊上被問到的問題是「我該不該離職？」

離職的原因各式都有，例如「在這裡學不到東西。」「老闆太機車。」「這產業沒發展。」「出現更好的工作機會。」「因為生涯規劃。」「因為離家太遠。」……

面對這些問題，我通常會問：「以上這些原因，是不是有些你來這裡以前就知道了呢？」接著問：「你在這裡待多久了？」「那你下一步的計畫呢？」通常，最常出現的答案是：「嗯，我做不到一年，以後就繼續找工作。」

是的，職場不就是一連串重複的工作的組合嗎？工作疲乏看似很正常，其實不正常，通常事出必有因。

所以，先試著把工作久了會產生疲乏的現象視為正常，然後再去想疲乏是因為真的疲乏，還是失去工作熱情？是真的學不到東西？還是想逃避？還是自己能力不足？經過幾輪的自問自答之後，答案一定越想越明白。

請記得，換到下一個工作，一定會出現另外一個問題，而且問題都跟前面的問題很相近；然後又是周而復始的自問自答，越想越明白的過程。

相信嗎？所有問題，都是你心裡有問題，老闆太機車、有像豬一樣的隊友、業績難達成（哪家公司的目標好達成？）、公司文化太爛、產業沒發展、無法升職……其實心態不改變，去哪裡都一樣，心態若改變，到哪裡都一樣。

如果你真的覺得憲哥太正面、太樂觀、太會安慰你、不切實際且太會說道理，導致你真的要離職，其實沒關係，離職也無所謂。轉換跑道就像是一段感情的結束，也是另一段感情開始的契機。當你去新公司報到後，就會像新戀情開始一樣有著許多的憧憬、新鮮感、新刺激與嘗試，一旦蜜月期過後，另一半的缺點又開始展露無遺，過沒多久就會產生下一個念頭：「我該不該離職？」

重點不在離職與否，重點是這幾年你有沒有變得更強？重點是你有沒有人生目標？或者說小一點，你的職涯目標呢？是這裡學不到東西，還是你不知道哪裡可以學東西？是產業沒前景，還是自己的能力沒前景？職場上的競爭，往往不是單純技能的競爭，而是靠觀念心態決定最終勝負的。憲哥請你在離職前想清楚，或者，先看看以下這幾篇文章再離職吧！

22 離職前想清楚，夢想能不能當飯吃？

馬克是我的朋友，他決定離職去圓夢，展開他網購工作的天堂幻想與自由大夢。我知道他擔任外商公司業務的成績還不錯，一直勸他再考慮考慮，而且還特別囑咐他，若真的要離職，一定要跟同事好聚好散。最後，他真的離職了。

夢想真的不能當飯吃

未料，前幾天他通知我，網購事業決定提前拆夥，第四季想回外商公司繼續做業務。

據該公司ＨＲ私下跟我說，五月份馬克在業務部最缺人的時候提離職，老闆慰留無用，不但業務草草交接不說，三番兩次得罪了老闆與同事，事後還讓同事幫他收拾客戶端的爛攤子，早就得罪一堆人。加上他在公司的人際關係本來就不是很好，早就有離職打包創業的念頭，同事們也都看得出來，不料看完我寫的專欄後，加速醞釀念頭，成為他離職前的最後一根稻草。

他很早就想跟高中同學規劃去搞網購，計畫了許久但遲遲沒有行動。對方本來不想再找他，還想另覓合夥人，沒想到他真的在五月決定離職，追尋嚮往自由、高報酬以及自己當老闆的創業大夢。

專業打工仔跟自己當老闆，工作模式與生活型態真的是兩回事。

我不想說創業過程是「現在叫我起床的不是鬧鐘，而是夢想」這類噁心的話，但是說真的，創業首重「自律」。我看過很多有天分，離職出來創業的人，不是每天越睡越晚，就是初期亂花錢，再不然就是拚命消費老同事或是老朋友，很多人撐不了多久，便打退堂鼓。

決心創業並決定出發後，過程不只是堅持夢想這麼簡單，大多是挑戰。

很快的，跟合夥人的意志不合而拆夥，再加上馬克真的不是創業的料，雖然初期我對他仍有滿滿的祝福，但他的結局，我並不太意外。現在麻煩的問題是，他竟然想回老東家繼續做業務。

離職前他的績效是全公司業績達成率第二名的業務，但他竟然笨到寫信給副總說他想要回去。他跳過了直屬老闆，這點讓直屬老闆十分不悅，據ＨＲ說，直屬老闆也決心抗爭到底，死命抵抗他的回任，公司內部葫蘆風暴一觸即發。

副總對馬克的直屬老闆施壓，說馬克回任剛好可以補足業績缺口，而直屬老闆卻不以為然，他說寧可戰到最後一兵一卒，也不用臨陣脫逃的叛將。他不僅跟馬克槓上，現在也槓上副總，那種「有你就沒有我」的戲碼，隨時準備上演。

能回鍋，到底靠什麼？

我在外商服務的歲月裡，有位優秀的同事三進兩出，進來公司服務若干年後，因為計畫到倫敦念碩士，毅然決然離職深造，兩年後也順利回到老東家繼續服務。幾年後，外頭一個相關產業的主管機會，讓他二度離開老東家。幾年後，第三次回來外商擔任業務主管的工作迄今已八年。

職場工作者既然已經離職，最後還能回到原公司打拼，到底靠的是什麼？

我覺得最重要的是「人際關係」。其實無論何種原因離職，大家好聚好散。離職原因雖無須刻意說謊，但也不用全部講真話，千萬不要得罪人，尤其是不要在HR的離職面談中，高談闊論講老闆的壞話。或許，離職面談中的離職理由，也可以運用「七分真實＋三分改編」的原則。

一直維持自己被仍有「被利用」的空間，我想是第二個重點。業務工作取代性大，離職率也相對較高，讓自己隨時具有專業知識與專業能力，肯定是回鍋的重要條件。若是相對穩定的幕僚單位，因為空缺一旦補上，你想要回來是很難的。維持一到兩條有效的線民消息，對於老東家的狀況掌握，是非常有幫助的。

最後，若是離職要到同業之前，請考慮清楚。很多產業不像職業球隊般，只要有能力就可以自由轉隊。職場首重「忠誠度」，一個沒有忠誠度的人，人際關係再好，能力再強，人脈、線民再優，忠誠度若不佳，想要回鍋，門都沒有。

馬克雖然不是去同業，但因內部人際關係不佳，加上做決定草率，要回鍋，我覺得難上加難。

你若是要問我對「回鍋」的看法，我個人的回答是：「離職前就要仔細盤算好，有種離職，就不吃回頭草。」你覺得呢？

23 你已經有足夠的能力跳槽了嗎？

颱風來襲前的星期六早晨，我來到台北，一棟我熟到不能再熟的辦公大樓，準備開始一天的課程。八點半進到教室後，發現教室內八、九成都是女生，女生聊天的聲音都很含蓄，大部分同學的眼中還泛著睡意。

銀行業的業務傭兵

在課程中，我瞄到了一位感覺好像認識，又不敢亂打招呼的亮眼女學員。

中午一到，她果真拎著便當，要跟我一起吃飯。有美女學員一起共餐，我當然說：「好啊。」

吃完飯後，更確定我的直覺是對的，她上過我三次長短時數不同的課程，三次都在不同銀行，三次的課程名稱也都不盡相同，她常轉換銀行，我戲稱她是銀行業的「業務傭兵」。

原來，她在國立大學財經系畢業後，到美國念了個高檔的MBA回台（這裡所指的高檔，指的是名校也是高價），回台後參加A外商銀行的MA program（儲備幹部計畫 Management Associate Program），國內很多具知名度的金融銀行都有此一計畫。由於該銀行的訓練計畫完善，加上又有綁合約附帶離職懲罰條款，她一待就是近四年。我問她離職原因為何，她說：「我想證明，三十歲前的我還有更多能耐，也想出去多看看。」我心裡面想，我好像常聽到年輕人講這個理由。

這段時間，據稱她都在金控內各單位歷練，主管對她的評價也都不錯。而接下來，就是一連串在金融業的漂泊生活了。

隨後，她在B本土銀行擔任白金理專，也待了兩年多，C本土銀行擔任理專的業務主管兩年多，D外商的業務主管三年多，最後於年初「回鍋」C本土銀行，擔任分行經理一職至今。

我聽完之後，最想問的幾個關鍵性問題就是：「這幾個銀行的離職原因是？」「那又為何會回鍋C本土銀行呢？」「本土銀行與外商銀行的差別呢？」

據她表示，會從B到C，是因為業務主管的職缺的確很誘人；C到D是因為薪資與獎金水準較高；D會再次回到C，是因為分行經理的職缺與管理工作的高挑戰，加上C銀行的高階主管是她以前在B銀行的大老闆，加上他願意大力引薦，她才回鍋C銀行懷抱。

跳槽和好人脈之外，還要有核心能力

她說完之後，我也體會了一些事：

1. 她不批評前銀行老闆的不是，也沒提到環境適應不良的問題。這一點我很意外，畢竟以前我跟金融業朋友聊天時，講到離職原因，多多少少都會講到老闆的機車與不是。

2.這個行業的確是靠離職與跳槽，職位與薪水才會節節攀升的。
3.她擁有核心能力，才會走到哪裡都吃香。
4.好的人脈與適時出現貴人的提拔，有助於職場跑道轉換。

可是內行人應該都知道，轉職沒有你想像中容易，就算都是金融產業內轉換不同公司，也絕非那麼簡單。據我所知，外商與本土的金融機構，在人員績效要求、公司文化與組織設計、管理模式與人員相處上，都有很大的不同。這類的業務傭兵，還真不少。

舉凡汽車業、保險業、房仲業、金融業……我都有認識一群，在相同產業內工作達二十餘年，但也在同產業內轉換超過五、六家公司的所謂「業務傭兵」。這類的名詞通常出現在職業球隊中，球員在球隊中不斷游移，今年打A隊，明年可能打B隊，今年在美國，明年可能到加拿大打球，然而這類的傭兵。尤其是業務傭兵，到底需要具備何種條件，才能屹立不搖?而他們的困境又是什麼呢？

不用懷疑，首要條件一定是「專業程度」。以我認識的這位學員為例，熟稔的金融專業知識，造就了她去哪裡都會有人要的重要條件。

其次是超強的「文化與環境適應力」，各位千萬別小看換公司，那種時時必須重新來過的心理調適，以及天天處在「非舒適圈」的超猛戰鬥力，不是一般人能體會的。

業務傭兵若要能生存下去，對於該產業的「客戶掌握能力」，一定要比待在同一家公司超過五年的業務更強，手腕更靈活。

當然，業務傭兵也不是完全沒有缺點。被每家公司認為忠誠度低、同事關係淺薄、每次離職再起時，都要跟老客戶講一樣的話；或許第一次換公司，客戶會跟你跑單，那第二次、第三次呢？那就不一定了吧。畢竟客戶也知道，業務是一時的，該公司或許才是比較長久的，身為業務傭兵，要塑造不可替代的產業內地位，肯定是一輩子的功課。

朋友們，每次離職都還能生存下去，不是你想像中的容易，那種漂泊無根的業務人生，肯定是非常辛苦的。但待在同一家公司都不離職，也不是你想的那麼安全，不是嗎？

24 如果公司有「旋轉門條款」怎麼跳槽？

小傑是我在企業內訓時認識的學員，今年初，他剛剛離開工作達三年之久的電子量測儀器業界，在一次新竹錄音的機會，他約我在電台附近吃晚餐，那次他聊到了人生規劃與夢想。

轉行的真正原因，到底是什麼？

我覺得好奇的是，一位電子、電機背景的工程師，擁有好的外貌與談吐，但在互動過程中，居然有意轉做業務工作。這看似有備而來的規劃，讓我心中篤定他是經過深思熟慮的。果不其然，在飯局後他請我幫忙介紹訓練相關的業務工作給他。

我不隨便幫人介紹工作，一則因為人情債總是要還，二則我對求職者與人力需求雙方，若僅是一廂情願的撮合與介紹，往往人家是賣我的面子，雙方尷尬之情，我不甚喜歡。但小傑的請求，我的腦海突然浮出一個多月前，有位管顧朋友跟我提過，某家國際知名企管公司的訓練規劃師缺額，於是雙方一拍即合。

小傑於四月初正式上班，亦於半年後的九月底正式離職。我知道這消息後，真想找個地洞鑽進去，而小傑卻都沒有跟我說。十月初，透過友人輾轉得知，他重回電子量測儀器業界，去的公司是老東家的競爭者。

我撥了通電話給小傑，關心他一下，順便問問前因後果。現在反而是他尷尬不已，他一度結結巴巴不敢正面回答我問題，後來經過我的暖場與緩和之後，他終於說出原因。

原來是因為他和舊東家間有「旋轉門」條款（離職後，在限定時間內不能至同行工作）的約定。我第一時間開玩笑跟他說：「你又不是財政部長退下來到金融業界當董事長，你在怕什麼？」

他連忙說：「怕老東家誤會。」

我說：「你怕老東家誤會，就不怕憲哥幫你介紹工作，結果半年就離職，會被我念一頓嗎？」

他緊張的直說：「憲哥，真的不好意思啦！」

這已經不是我第一次幫人介紹工作的慘痛經驗了，而且我也堅定相信，從事與前工作產業大相逕庭的工作，「過水」與「過客」的機率非常高。

他離開企管公司的時候編了一個理由，說要與認識多年的女友結婚，想要搬回新竹。雖然這理由勉強還可以，但這份只待了半年的公司，到底對他的職業生涯是何種意義？加上半年後去了前東家的競爭者，難道老東家不會覺得很感冒嗎？

離職原因百百種，扯謊是最下策

我待在職場這個大染缸裡二十多年，看過成千上百個離職同仁，雖不敢說每個都了解離職原因，不過倒也歸納出一些離職的「表面原因」。在此我特別強調是表面原因，因為這些絕對不是真正原因。

1. **生涯規劃**：我看到這個原因就知道是最扯的答案，誰離職不是生涯規劃？而真正有妥善規劃的有幾人？規劃了什麼？這只是表面原因吧！

2. **個人因素**：這理由只比上面那個好一點，難道離職同仁會寫是因為「主管因素」嗎？會真的寫「薪水因素」嗎？

3. **離家遠**：離家遠是今天才遠嗎？還是一直都很遠？做真正有興趣想做的事，離家遠會是主要原因嗎？

4. **結婚或生完孩子**：這個理由好像正常一點，但真的很正常嗎？主管與同事比較在意的是，收完紅包才離職，還是先離職再去結婚或生產吧？

5. **回家幫忙**：這應該是最佳理由吧，頓時我們公司同仁的家長，突然間都變成中小企業老闆，家裡突然有好多事要幫忙……

6. **趁年輕去接受挑戰**：我不能說這理由不好，畢竟「達成夢想」總是每個人在三十五歲前的願景。但是，你確定這是你想的嗎？

那麼，為何離職不能講真理由？為何下一個工作想去同業卻不能說？為什麼一定要浪費半年的青春歲月去騙自己？老東家難道不會知道嗎？你確定產業消息真的不會走漏嗎？

朋友們，別騙自己了，我個人倒是建議坦蕩蕩面對離職這問題，「誠實離職」才是最佳策略。世界很大，產業圈子很小，很多事你現在不說，以後大家還是會知道的。老東家主管、同事或許會有些不滿，但適度包裝一下離職原因，真正的原因，我認為還是要坦然面對。

最後，我想問一下大家，離職以後一定要休息一下嗎？休息過了真的會找到出路嗎？我認為不然，其實在職的時候，就應該有「工作模式」與「休閒模式」，而不是將人生分為「在職模式」與「離職模式」吧？長期沒工作可做，可會讓人意志消沉喔！

25 在職場工作有同理心，是最深層的心法

在我開始上課的前幾年，因為沒有知名度，學員對我多半陌生，要花很多時間暖場；近幾年，因為持續耕耘，一早進到許多企業的訓練教室時，都會遇到粉絲與老面孔，課程操作越來越順手，這也正是我所提的「成功需要簡單的事，重複去做」。

心態不改變，換到哪都一樣

這天，進到松江路某家企業的訓練教室，映入眼簾的是嶄新的桌椅與吵雜的學員。上課久了，通常進到教室的前面幾分鐘，我會仔細端詳等待上課學員的表情。這一班很吵，但對企業內訓的講師來說，喧譁的聲音肯定比冷漠的無聲好很多。

第一段休息的時候，某位學員靠過來，作勢與我聊天，於是我忍住尿意與他攀談。看他表情不太對，我已有批評指教我課程的打算。

他說：「憲哥，你的課真的上得很好，不過你剛才引用『某大』企業員工工作價值觀的案例，我個人非常不以為然。」

這種事，我無意辯解，只想繼續聆聽。

於是他接續說道：「我之前加盟他們家，只有五年就虧了我全部的資金，×！他們是吸血的企業，不要再引用它們家的案例了，它們不把人當人看，×××！」

身經百戰的我，聽到大型企業員工脫口說出國罵三字經，我真的嚇了一跳。

於是接下來的每次中場休息，他都過來找我聊天。

從批評前公司吸血，到批評現任公司總經理是外行領導內行（其實，總經理也是本班學員之一），然後繼續批評我的老東家。例如某位女性優秀經紀人私下做投資客，卻滿口仁義道德……老實說，我聽了他的話以後，頭真的很痛，也越來越想上廁所。

我畢竟是外人，我不曉得他為何跟我說這麼多？

其實我也可以完全不理他，但因為我的角色須顧及所有學員，我很有耐心的聽完全部內容，沒想到下午的中場休息卻變本加厲。

下午的戲碼是批評現在公司的獎金制度；他說他是新北市業績冠軍，薪水只領到兩萬多塊而已。我不想多問這是真還是假，只回了他一句：「那你為什麼不離職？」

他說：「我被前公司，與前前公司耽誤了太多時間，現在已經四十歲，不容易換工作了。憲哥，你們家要不要用我們公司的產品，我可以算你便宜一點。」

這時，我真的傻眼了。

後來，我給了他幾句衷心的建議：「心態不改變，去哪裡做業務都一樣；心態若可以改變，到哪裡做業務都一樣。」

我繼續說：「老鳥業務通常很專業，但都缺乏熱情；菜鳥業務通常都很熱情，但都缺乏專業。『專業讓你稱職，熱情讓你傑出』這道理你應該懂。你是這家公司的業務菜鳥，卻是你自己業務人生的老鳥，若沒有工作專業與熱情，你去到哪裡都會遇到類似的瓶頸的。」

講完後，我就後悔了，我跟他講真話幹嘛？敷衍他不就好了嗎？

做人比做事更重要

下課前十五分鐘的肥皂箱分享心得時間，每人都要說一兩句話，麥克風輪到他時，他說：「我無話可說。」頓時，全場傻眼，我接著說：「下一位。」

他在學員回饋問卷上會寫什麼，我已心裡有譜。

下課後，**HR**走過來關心我，並安慰我，說他遇到每位老師都「倒垃圾」，其他老師跟他哈拉都沒事，你幹嘛認真理他？

但我真心想建議那位朋友：沒有良好的工作態度，空有專業有何用？年資久有何用？沒有滿意的員工，怎會有滿意的客戶？

反觀幫我接了六年課程的管顧公司經紀人**JJ**，從大學畢業後，第一份工作就從事管顧的訓練工作，同梯共四人，我打賭最活潑開朗的她，一定會最早離職，沒想到她是最後一個，而且待了六年。

一位大學畢業生，能在各大企業與知名講師間走跳六年，能夠賣這麼機車、要求品質甚嚴的我的課程六年，她肯定不是省油的燈。

大學社團與辦活動的豐沛經驗，造就了她的成功；待人接物與嚴謹處事的工作態度，讓客戶與講師們都對她讚不絕口；她更是同事眼中的好姊妹，主管眼中的好幫手，我心目中的最佳超級王牌經紀人。

就算離職後，公司請她回去幫忙，她二話不說，提供一個半月的免費「交接保固期」，與救護車及消防隊般的臨時緊急支援。

問題是，大學企管系或許都沒教這些能力吧？她為何能做得這麼好？

前幾天，我也跟我兒子提到這個話題，那就是，「做人比做事更重要」。

她把客戶的事當作她的事，她把客戶的里程碑當作自己的里程碑，她把客戶的喜悅當作自己的喜悅，我跟她榮辱與共，一起分享歡樂與憂愁。

我是一位講師，也是她的客戶，更是最重要的客戶。我並沒有感覺她把我當搖錢樹（其實很多經紀人都把王牌講師當搖錢樹），「同理心」是她最棒的地方，也是服務業最深層的心法。

人際關係與溝通能力，是我認為社會新鮮人可以試著在學校修練的能力，這會比任何一門學科都來得重要。這一天在松江路兩側的工作案例，讓我想了很多，一位是四十歲的灰色人生，一位是三十歲不到，年輕卻成熟的處世態度，要選擇過怎樣的職場生活，你可以自己選擇。

26 與其抱怨公司，不如想想如何改變

週六的課程，學員雖沒有雜事干擾，可以較為專心上課，但休假日被叫來上課，學員臉上難免有些許的不爽表情。下課後回到家，陸續收到兩位學員給我的信，談的竟然是同一件事……

我該離職後過水再回來嗎？

兩位學員都表示，公司高層在過去一兩年間進行大規模的改組，管理階層更迭快速，許多同仁因為升遷無望，加上同業大舉挖角，公司的管理幹部流失慘重。就算接手後的高層不斷溫情喊話，希望降低主管離職率，無奈這一兩年內，走了近十五位基層主管培訓班的學員。

大環境不如預期，先前離職的主管，以為過去他行之後，就能卡上

分行經理的位置，怎知事與願違，在同業發展受限於對方員工排他性的抵制，升官之路紛紛中箭落馬。

今年過完年後，其中九位培訓班成員陸續回鍋原公司，竟有四位回鍋後不約而同反而都卡上分行經理的位置。造成原來好好待在銀行，默默辛苦耕耘，忠誠度一級棒的基層培訓班主管，升遷之路再次幻滅。心中的不爽都寫在臉上，大家一起混班上課，教室裡的詭異氣氛，連我都可以嗅出端倪。

兩位學員Joe和Catherine都是公司十多年的元老，寫信給我時都談到：「我該離職過水後再回來嗎？」「公司這樣搞，真的很不公平。」……

回鍋容易嗎？能夠繼續生存嗎？我的答案是：很難。

首先是「機緣」，離職的時間點？回鍋時原公司的市場與人力資源狀態？會不會有缺？怎樣的缺？若非保有原公司的人脈網絡，很多消息不僅得來不易，就算有人知道，也不見得會報給你知道。我看過的幾乎都是內部長官力挺，扶植自己人馬與班底再起的案例較多。

其次是「產業」。不是所有產業都有大量回鍋案例，我這十年走遍兩岸各大產業深入授課後發現，流通門市服務業、金融銀行服務業的比例的確較高。要是「成長擴張型」的公司，產業或公司若處在衰退階段，我跟你保證，你出去後就永遠不會再回來了。

還有上述案例中四位回鍋升任分行經理的學員，那四個分行是新分行、舊分行？如果是舊分行，原來的分行經理去哪裡呢？是不是又一齣人才在產業間流動的老掉牙戲碼？

職涯是長期選擇後的結果

再來是「能力」，培養transferable（可移轉、可轉換）的能力，肯定是有利回鍋的要件。上述的案例我也深入去研究，那些回鍋的主管能夠立刻卡上位置，都是因為以前擔任非主管階段時戰功彪炳，客戶經營有一套，加上證照考得夠多，而且願意配合公司調任偏遠地區的單位主管，才會得一良機。

我想說，能力是騙不了人的，是經得起考驗的，很多高階主管曾跟我談過部分配合度不佳的員工，他們要是離職後再回鍋，再便宜、再缺人他們也不會用。

最後要面對「攘外必先安內」的不利環境，就算擔任分行經理之後，同仁怎麼看待你，大家在背後如何指指點點你，對公司若是忠誠度不如其他主管，如何帶動部門同仁達成目標？沒有一段時間，恐怕很難證明自己實力，問題是，上面的老闆會給你足夠的時間嗎？

兩位我都回信了，我跟Joe特別表明，我不是他，我不會給他答案，我只能就我對該公司的粗淺觀察與個人觀點，給他一些簡單的看法。Joe跟上述四位回鍋擔任分行經理的學員個性本身不同，他本身較為保守，擔任內勤的時間比業務工作還久，貿然行動必然吃虧。

其次，「職涯是長期選擇後的結果」，沒有所謂對與錯，端看你對職涯的短中長期的目標。還有，離職隱藏著很高的「機會成本」，不可不慎。

還有，人家家庭與經濟比較沒有後顧之憂，你還要養家活口，你確定要離職以後再回鍋？最後，以你在班上與今年業績的諸多表現，你不覺得今年就會有機會晉升了嗎？

掛完電話後兩周，我收到了Joe送給我的近視蛙鏡，裡面附上一張卡片，上面寫著：「職場明燈，快樂游泳、水中蛟龍，謝謝憲哥。」

27 確定要離職，要說出真正的原因嗎？

連續兩天在台北的課程，客戶除了會請司機接送外，也會幫我安排住宿飯店，只要我當晚住台北，十之八九有人約我吃晚飯。約我吃晚餐的朋友，大多問我幾類問題，不是問我該不該離職？就是希望我在講師事業上給予對方指點。只要對方誠懇可靠，加上時間可以配合，我通常盡量且樂意幫忙。

想休息！是好的離職原因嗎？

M是某金控集團的中高階主管，掌管台北大半江山，年紀小我幾歲，半年前第一次跟我碰面，就對講師事業野心勃勃。遇到這種人，我通常都會嚇嚇對方，挫挫他的銳氣，但他不但對講師工作不膽怯，還有完整的執行計畫。

「你現在還在金控上班嗎？幾時會離職？」

「是阿，大概半年後。」

「你打算怎麼跟老闆說離職原因？」

「還沒想太多，總之，應該不會說實話。」

前天他再來找我，他真的離職了，要我給他一些講師職涯意見，於是我再問一次：「你的『官方版』離職原因是什麼？」

「工作多年，累了，想休息一陣子了。」

我心想：這真是「超級官方版」離職原因啊。

民國八十年，我從逢甲企管系畢業前夕，透過武陵高中資深學長的引薦，如願進入夢幻企業「台達電子」工作，擔任桃園廠人力資源部「人力資源專員」的工作。

我工作很拚，時常都是用一百二十分的力氣在做，這樣的好處是，可以很快得到晉升與加薪的機會，缺點是，很容易遭遇瓶頸與自以為學完了。一年多來，我深知我不是做人資的料，我不夠細心，個性上也太喜歡衝刺，與較為保守的幕僚型工作屬性大異其趣。經與學長兼老闆懇談後，民國八十一年六月，「內部轉調」到採購部，負責購買泰國廠的相關材料。

大公司就是有這樣的好處，內部平行轉調機會多，只要內部人緣與關係夠好，加上有工作轉換的企圖心及決心，通常老闆都會樂觀其成。

採購的工作，雖然上手時間與進入門檻較高，但是可以與工廠的生管、製造、業務、工程與生技等單位緊密結合，我非常喜歡這工作。我很認真打拼，過完年後，也得到了晉升一級與加薪的機會。問題來了，有家在中壢工業區的上市公司輾轉透過長官介紹，希望找我去「聊聊」行政部人事主任這個工作的機會，同時開出的條件如下：

1.試用期薪資，比起台達採購當時的薪水，增加四・二K／月，三個月試用期滿後，提高到七・二K／月。

2.提供相當於主管級的汽車停車位（當時我才二十四歲，工作剛滿兩年）。

3.提供配發公司股票機會（民國八十二年，這是很大的誘因）。

這些誘因的確很吸引人，我思考沒多久，也不夠深入，更不夠全面，就決定離開待了兩年多的台達電子。

真話、假話？要怎麼衡量？

採購課長問我：「大好前程為何要離職？公司把你視為是重點栽培對象耶！」

我說：「人家offer的條件……巴拉巴拉……」我竟全盤托出對方給的條件。

課長再問我：「是不是公司給你的加薪幅度不夠多，你不滿意？還是你有其他不滿意或是顧慮之處？」

我說：「課長，這種條件換作是你，你應該也會過去吧？」

經過一段催眠式與疲勞轟炸的離職訪談後，我終於「如願以償」的離職了。

我怎麼會笨到這樣講，現在想來真不可思議。我想問大家，我當時若真要離開台達，我應該怎麼跟老闆講？講真話？講假話？講出含糊不清的理由？各會有何優缺點？

講真話，好處是避免死纏爛打的糾纏，老東家一聽薪資加這麼多，福利這麼好，若自覺無法跟上，很容易就在離職單上簽名。缺點是，產業間圈子很小，很容易留下不好的名聲，什麼現實啦、短視啦……這種形容詞都會出籠。

講假話，好處是大家好聚好散，給對方留下一條後路。我聽過最多的離職原因就是：父母生病要回家照顧、家裡要我回家幫忙、想休息一陣子、想出國遊學……含糊其辭總比一刀兩斷好吧。只不過缺點是，老闆沒日沒夜的糾纏，一而再、再而三的離職面談，搞得離職前一個月，大家兵疲馬困，很難聚焦工作，無法壯士斷腕的處理離職人員，更會讓原部門的氣氛詭異。再加上離職原因說假話，有時會讓部門主管與同仁，產生更多無謂的猜測，是否被挖腳？跳同業？跟老東家打對台？

再怎麼講，做離職面談的主管也不是省油的燈，一定會稍微演戲，很期待你真的留下來繼續幫忙。至於是真的假的，我們還是不得而知，只能揣測。面對年資超過兩年的員工要離職，主管通常會說：「你的離職，是部門的重大損失。」你要相信也好，不相信也罷，你自己決定。我以前會相信，現在會「十分保留」。因為正常且具規模的公司，絕對不會因為某人不在，而真的無法營運。在那個兩坪不到的會議室中，你老闆講的話，只有你自己最知道是真是假。

員工的離職面談也要學會演戲，千萬不要將真正的離職理由全盤托出，「真正的理由放心裡，加以包裝的理由講出來」，「很誠懇的、很真心的、很務實的、很捨不得的」把離職理由講出來，讓主管有面子，讓公司好做人，大家都有台階下就是最好的離職方式了。

28 如果不經歷「重複」的磨練，換到哪兒都一樣

家中四口，只有我不打電玩，總是被家人嫌棄不團結。每每看到老婆、兒子在熱血電玩遊戲中拼戰的時候，心中難免落寞與不悅。

從跑跑薑餅人學會的事

某日老婆說：「你也來玩玩薑餅人吧？你會出現很多上課的靈感啦。」心想怎麼可能？玩過幾輪之後，再看看兒子身為資深玩家輕鬆寫意的模樣，真覺得自己遜斃了。

薑餅人遊戲前面的階段，都是無聊的內容，每次結束後重新再來，玩著一樣的戲碼、過一樣的關卡、重覆不停做同樣的事。但老婆的一

句話卻點醒了我：「沒有經過前面的無聊，無法享受後面的輕鬆寫意啦。前面你先練習玩個四、五百次，體會遊戲的精髓之後，後面才有機會換個新角色（像殭屍），之後你才會得到更多的分數。」

轉換職場也一樣。如果最近你有離職的念頭，有問過自己具體的理由嗎？是為了逃避、為了跳脫舒適圈？還是因為你找不到工作的熱情了！就像我玩「跑跑薑餅人」，根本不想經歷一開始的無聊，就直接想放棄遊戲一樣。

根據這幾年我觀察所有有意轉職的學員和朋友的結果顯示，其實大多數的例子並不是現在的工作太舒適，真的想去挑戰跳脫舒適圈的快感；更不是覺得現在的工作學不到東西，想去外頭學習新事物。多半是「找不到自己有興趣、有熱情的工作」，或是「不知道自己的熱情與興趣在哪裡？」

職業的本質本就是重複去做同樣、至少是類似的事，然而看似光鮮亮麗的我其實也是。知名主播是、偶像劇演員是、天團五月天是、職棒球員也是，我相信天天在做的事，如果缺乏工作熱情，換到哪裡其實都一樣。

心態要改變，換工作才有意義

電影《那些年，我們一起追的女孩》有一句經典對白：「人生最後實現夢想的，都不是那些最有才華的，都是那些堅持到底的人。」這句話最弔詭之處有二，「夢想」是什麼？大多數人可能連自己都不知道，「堅持到底」到底值不值得？

然而離職時，「大多數的人其實是選擇逃避，而不是選擇跳脫舒適圈」，任何一個工作成為專家之前的無聊與重覆，在我看來，其實都跟「跑跑薑餅人」差不多。跑跑跑，不斷的跑，只為換得一個新角色之後，創造更多得分機會與擁有美麗願景而已。

我想說的只是：「心態如果改變，去哪裡都一樣；心態如果不改變，到哪裡都一樣」。

或許想要離職之前，你也可以試著問看看自己：

1. 其他部門有機會轉調或歷練發揮嗎？
2. 公司的企業文化是自己想要的嗎？還是只是要逃離自己不喜歡的主管或同事？
3. 你確定自己在現職已無發揮空間嗎？還是自己的執行力與創意不足的困窘藉口而已？
4. 選擇離職的機會成本，會不會大到讓自己未來產生後悔？
5. 先離職再找工作？還是已有更好的機會？你確定下一個會更好嗎？
6. 到新工作後，你會從老鳥頓時變成菜鳥，你確定要這樣嗎？
7. 離職跟男女分手的決策模式不太一樣，你有想過兩者的不同嗎？是衝動的決定嗎？
8. 你確定離職是為了跳脫舒適圈，選擇更大的挑戰？還是這裡很有挑戰，只是你自己卡關就選擇放棄？
9. 找到自己的熱情與興趣，可能會比找到一個好工作，長期來說更重要，你有想過嗎？

10. 你能忍受「跑跑薑餅人」遊戲一開始的無聊嗎？

我也期待面對各位讀者，嘗試不給你們答案，僅幫助各位思考，這是打電玩給我的啟發。

重點筆記

- 職場上的競爭，往往不是單純技能的競爭，而是靠觀念心態決定最終勝負。
- 「誠實離職」才是最佳策略。
- 沒有良好的工作態度，空有專業也無用。
- 「同理心」是服務業最深層的心法。
- 心態如果改變，去哪裡都一樣；心態如果不改變，到哪裡都一樣。
- 人際關係與溝通能力，是社會新鮮人可以試著在學校修練的能力，這比任何一門學科都重要。
- 離職時，大多數人其實是選擇逃避，而非選擇跳脫舒適圈。

Part 5

從厭倦到期待，
憲哥想告訴你的幾件小事

二〇一〇到二〇一二年我的講師事業到達巔峰時，每每想起自己白天上課，晚上唸研究所；左手拚論文，右手寫書；積極工作，盡情游泳的生活。當時雖苦，如今甜美，人生有許多四十歲以後才猛然察覺的事，我一樣也沒少。

初入職場者，都希望自己假以時日能夠得到「自由」，然後慢慢開始尋找「自信」，最後要求自己能夠「自律」。我想說的是，先要求自己能「自律」，就會開始發現「自信」，進而找到人生終極的「自由」。

持之以恆的好習慣，比起老爸給你家財萬貫更有價值；三十五歲以前的我始終不相信，如今四十六歲的我，信奉此信條十多年了。職場的競賽是長期的拼搏，沒有人是永遠的贏家，更沒有輸家。養成好習慣的自律看似簡單，其實不然，就像我常說的：「有種熬夜唱歌喝酒，就要明早準時上班。」不容易吧？敬業精神、工作態度、全力以赴堅持到底的熱情、與人為善、不在他人背後說三道四、不要以訛傳訛……這些都是我奉行的好習慣。

持續加強專業，精進本質學能，讓自己變得更強，是絕對不會退流行，更是肯定穩賺不賠的投資。空餘時間的運用，尤其是下班時間與假日，你做了什麼事，就決定你未來是什麼。

初入職場工作者，千萬不要放棄持續運動，保持體力的巔峰，是決定職場工作長遠走跳的重要本錢。

試著找尋貴人，培養正確的人脈觀念。不用刻意參加許多社團，想一想自己在哪裡會感覺舒服、沒有壓力，就去哪裡認識新朋友吧。畢竟「朋友成千，不如貴人扶牽」、「狐群狗黨，不如導師幫忙」，憲哥的人生非常幸運，得到許多貴人相助，我也期許自己能夠成為他人的人生貴人，畢竟能夠幫助他人，才是人生最重要的小事啊。

雖然計畫趕不上變化，千變萬化不如老闆一句話，但是自己的人生價值觀一定要夠清楚。當面臨十字路口的時候，信念與價值、信仰與態度才是讓你度過難關、因應變局的關鍵策略。想想自己到底要什麼？要成為怎麼樣的人？個人的職場品牌定位為何？

最後提醒大家，行動，是心想事成的鑰匙；口語表達，是職場影響力的關鍵元素；教出好幫手，是建立職場戰鬥團隊的不二法門；善待自己、家人與朋友，做好人生最重要的小事。成就人生大事，都從職場做起。職場這條路，憲哥陪著你。期盼你從後面幾篇，也能找到面對職場抉擇的巧實力。

29 等考績，不如準備考績

小芯是我在銀行的學生，她上個月寫了封信給我。信中提到她覺得經理始終不了解身為櫃檯第一線行員的辛苦，每天只會逼她們轉去做理專。小芯不想去，結果年終考績被打「丙」；沒有年終還不打緊，明年可能連飯碗都不保。

她問我：應該轉去做理專嗎？或是離職？或是繼續撐下去？還是跟經理談談？

考績的量化靠「工作日誌」

企業內績效評核的方式雖有很多種，但是絕對脫離不了「質化」與「量化」兩類。我常問學生喜歡哪一種考績評核的方式？比較多人說：量化。

是的，量化指標最大的好處就是「數字會說話」。今年績效好不好，看數字就知道，比較不會有老闆個人因素，或是內部政治的考量。話雖沒錯，每當我去銀行上課時，銀行要第一線優秀員工轉做業務性質工作的時候，大家卻退避三舍。原因很簡單，那也是因為業務單位的所有數字都會說話。

房貸撥款量、基金銷售額、老客戶回籠率、成交金額、離職率、新客戶開發數、新保單銷售額……你要是給我時間，我可以說出五十種以上職場的數字化指標。問題是，這些都是一翻兩瞪眼的數字，我要是數字難看，今年的考績不就掛了，年終獎金不也跟著掛了？加薪無望啦！

所以啦，不管量化的數字指標，或是質化的指標，一般的職場工作者，都會被動等待老闆通知你來做績效面談。然後不管你喜不喜歡老闆的考績，大部分的人都是被動等待考績；最後，喜歡今年考績的，年後就繼續待在原公司，不喜歡考績的，年後就準備離職換跑道。年復一年，真正的問題到底是什麼？

舉運動員的例子來說，他們大部分也都是量化指標。打擊率、上壘率、三分球命中率、全壘打支數、盜壘成功率、總得分、失誤數……球季結束的時候，老闆會針對每一位運動員的貢獻，辦理調薪或是減薪的面談。運動員最殘酷的是，他的薪水與表現都攤在陽光下，社會大眾或球迷幾乎都知道，那是一種極大的榮譽，與極大的恥辱。

但是，你不是運動員，沒有媒體天天在看你的優異表現，也不可能有公司會給你加薪百分之百，那該怎麼辦？

我在職場二十三年餘，尤其最後八年半擔任企業講師的期間，充分理解各個產業對於工作日誌的重要性。老闆根本不可能天天觀察你的表現，所以擅長並持續記錄下你的各種工作指標，就成為一種決勝習慣。

舉例來說，一年來，有沒有協助部門帶新人？給新人上了幾小時的課？對於公司活動的參與次數，所帶來的附加價值？對客戶做了幾場簡報？成效如何？自我學習發展計畫？看了幾本書？聽了幾場演講？

上了幾次公司內訓，幾次外訓？學到了什麼？對於自己的KPI的表現與連結度如何？如何將上述指標反映到自身工作？對公司產生何種貢獻？其實要是真的認真想，一定有很多值得記錄的東西。

很多人認為做好年度紀錄與工作日誌是一件很累的事，畢竟這些東西根本不是為了老闆，或是更短淺的講，只為了那一兩年的加薪調幅。廣義來說，這是為自己記錄下轉換跑道，或說白一點，是跳槽的籌碼。

檢視你與老闆心中的自己

再回到文章一開始的小芯的例子，我知道她最厲害的就是「在櫃檯第一線親切的服務」。

我問她：「妳自己認為今年做得最棒的一件事是什麼？」

她隨即回答：「我成功幫助兩位老人家，避開詐騙集團的假冒歹徒勒贖匯款，金額有一筆是六十萬，另一筆是一百萬。」

「經理知道這件事嗎？」

「不知道。」

「經理應該知道嗎？」

「應該。」

「績效面談時妳為何不說？」

小芯竟說：「老闆沒問我，我也不知道這可以拿出來講。」

朋友們，績效面談是需要準備的，老闆需要準備，員工也需要準備。身為一個負責任的職場工作者，這是檢視自己一年來的最佳時刻，建議可以檢視以下四種層面：

1. 自己認識的自己，老闆也認識的你：越明顯越好，越與KPI連結越好。
2. 自己認識的自己，老闆卻不知道的你：要靠日常工作日誌記錄。
3. 老闆眼中的你，但你卻不清楚的自己：多聽聽老闆意見準沒錯。
4. 老闆看不到的你，或許自己也沒察覺的潛在的你：說不定小芯真的可以把理專的角色詮釋得很好。

上述四種層次，都可以利用這個面談呈現出來。做好簡要工作日誌，至少是對自己負責的最底限，至於老闆是不是「識人」，那就看你如何呈現了。

老闆不會感謝那些做牛做馬的人，因為，你做多少並不重要，而是你做好多少，以及多常做正確的決定才重要。

30 人脈，真的重要嗎？

九月初上班日的晚間，受雜誌社的邀請，參與和名人同台的超級業務座談會，習慣提前到達會場的我，早早準備好所有的前置作業，從容等待演講的到來。

交換的名片越多，不一定代表有好人緣

那天，在距離演講前十五分鐘、演講後二十分鐘，就開始有聽眾要和我交換名片；縱使我沒帶很多名片的習慣，回到家後，還是整理出一大疊，看似認識，其實還是不太認識的聽眾的名片。

老實說，還沒當講師前的我，很不習慣社交場合，要不是因為業務工作需要，必須跟客戶攀談寒暄，但私底下的我，話實在不多。

當講師十年多來，認識的人也更多了，社交場合也好、演講授課場合也好，不喜歡也得和別人客套互動。換名片、記住人的名字，長相、特徵與喜好，成為工作中的家常便飯。但到現在為止，我還是不習慣、不擅長社交場合，尤其是名片的整理與後續的追蹤。

但我倒是常常收到別人對我的後續追蹤，有時我真的很佩服那些能在完全不認識的人面前，聊出所謂好人緣的人。

然而好人緣應該不只是換換名片、臉書上常常按讚、發個簡訊、強迫自己說一些言不由衷的話語吧？

我常覺得，我說過什麼其實不重要，做過什麼好像也不太重要，重要的是「我帶給他人何種感受？」在社交場合中，若是帶著我們可以「互相利用」的立場去交換名片，我猜想一般人都應該都能察覺吧？

若你們真的要互相利用也就罷了，問題是，若是有任何一方覺得對方帶有目的的接近，如此的「好人緣」還有可能持續嗎？

尤其是那些晚間免費或異常便宜的演講場合，大家帶著一堆名片前來，不用花很多時間，也不用花很多錢。到某個場地可以一下認識很多人，做一件看似有用、其實無用的事。大家安慰著彼此，有著開發客戶或是認識貴人的喜悅與期待，然而卻一再落空的寂寥。

多加強本質學能，比經營人脈更重要

我鼓勵年輕人應該多多加強本質學能，無須汲汲營營增加人脈，至少四十六歲的我認為真正的朋友不用多，幾個就很足夠。人際關係以「善念」為出發，自然吸引他人靠近。

希望憲哥以下的四點建議，能給大家一些小小幫助：

1. 所謂的「人緣好」，並不是你認識多少人（名片，絕對有人比你多很多），而是有多少圈子的人認識你，將你看成夥伴。所以千萬不要用臉書上的朋友數量多寡、粉絲團人數，或是名片有多少，來判斷自己受歡迎的程度。

2. 與其參加言不由衷的異業學習或社交場合，不如多讀一本書、安排家人聚會、多與一兩位智者深交聊天、去學一樣有用的技能，或練習開發自己工作以外的能力，把時間拿來做會讓你感到興奮、快樂和幸福的事，不是更棒嗎？

3. 不必勉強自己去認識不想認識的人，量力而為就好。反倒是多多充實自己，「多練習讓自己說出來的話，做出來的事更有價值」，會更讓人眼睛為之一亮。

4. 貴人的臉上不會寫他是貴人。你若認為某人不錯，值得學習，可以主動出擊。發封信、寫張卡片、打個電話表達仰慕之意，若有機會則多多互動。提升自己的魅力，吸引跟你差不多的人，這樣更棒。

最後，工作是工作，人生是人生，你不喜歡的同事或客戶，還是要強迫自己去互動，這點無可厚非，大家都一樣。但選擇做會讓自己感到快樂或有興趣的事，比勉強自己去社交來得更有意義。當你擁有專長領域或專精強項時，人際關係自然水到渠成。

31 簡報技巧是一時的，能力卻是永遠

一次好的簡報肯定是工作、事業、提案……的敲門磚，我的學員方旭在念完碩士後，雖然取得博士候選人資格，自知自己不是深造的料，毅然決然先去當兵，退伍後立刻投入職場，從外商的小小業務專員開始幹起。雖然是菜鳥一枚，但憑著優秀的英文聽說讀寫能力，加上優異的簡報技巧以及苦幹實幹的精神，到職三年後升任北區業務經理，第五年升上了北區業務主管。

空降主管不好當

面對北區電子科技業客戶的強悍需求，他的腰桿子確實很軟，各種需求盡可能有求必應。加上很敢跟美國總部要資源，台灣老總也很挺

他的雙重加持下，業績、職位、影響力都扶搖直上，升上北區業務主管那年，他才二十九歲。

去年一個偶然的機會，透過獵人頭公司，邀他去應徵某家澳洲公司駐台分公司的總經理一職。他考量原公司外派經驗渺茫，與他原本想外派的打算不符，加上上頭的人有一掛老鳥都還在，要輪到他晉升還早，他毅然決然放棄高薪，以及北區業務主管的好工作，投入一家只有十三人的小公司，擔任總經理一職。到職的時間是在去年七月，但今年過完年後黯然去職。

方旭跟我談到，他會被澳洲人錄取的原因，除了好的英文表達能力外，就是他的簡報技巧。

他在簡報的二十分鐘過程中，那個澳洲人的下巴好幾次差點要掉下來。他可以站在西方聽眾的角度出發，設計一份具有吸引力的簡報，除了很炫的圖片以外，數據與表格的整理、產業競爭態勢的分析、英文的用字遣詞，每一樣都讓聽眾瞠目結舌。就連簡報天王我看到都驚嘆：「你這樣的簡報，換作是我，我也會用你。」

「那為何只待七、八個月呢？」我直接了當的問。

「公司同事都排擠我，他們都覺得我年紀太輕，不太甩我。雖然我替換過三位不適任同事，願意重新訓練新人，效果仍然不彰。加上業績沒有拉起來，我主動跟澳洲人提辭呈。」

「接下來，你打算去哪裡？」

「我已經apply上了一個馬來西亞的公司，它們有個亞洲BDM（Business Development Manager）的缺，三月份去吉隆坡報到。」

我：「你也太會跳了吧？」

方旭：「沒辦法，薪水還不錯。」

我：「這位置怎樣選上你的？」

方：「老闆聽了我的簡報以後，就決定用我了。」

高超的簡報技巧，只是轉職敲門磚

方旭自知是空降部隊，用了高超的簡報技巧獲得敲門磚的青睞之後，接下來就是以一位三十一歲空降總經理的年紀與職位高度，要帶領十三人的公司。或許公司規模小，難度不大，但是以方旭僅六年的工作資歷，要在外商的嗜血環境中生存，其實並非容易之事。

接下來的BDM工作，雖然不是直接管轄一個國家或地區的生意，但對於該產品線的規劃，要與亞洲其他國家做橫向交流，也絕非容易之事。但我相信以方旭的英文能力與簡報技巧，加上他腰桿子軟的特質，應該可以試試看。但是，這麼頻繁的在外商間遊走，到底是不是對的策略呢？

首先，方旭言談中很重視薪水，我認為這值得商榷；撇開他的家庭經濟狀況不說，他幾乎把年薪當作跳槽的首要考量，這是高風險的來源之一。其次，職位與頭銜是他的重要考量，試想，三十一歲的外商總經理真能帶出什麼樣的團隊嗎？

再來，外派工作一直是方旭的夢想，這點真的很值得讚賞；三十五歲以前快速實現夢想，比較重要，還是蹲好馬步，醞釀實力比較重要呢？

或許你會說我不了解年輕人，不了解他們在台灣或是在現今職場惡劣局勢下的艱難處境。但我深信，一份耕耘一分收獲，天下沒有白吃的午餐，天下也沒有快速成功、快速致富的好康道理。

至少我認為，三十五歲以前，需要備足所有，或說備足大部分的職場戰鬥能力與條件；三十五歲以後，才是決勝戰場、翻轉人生的關鍵。

我還是要說，那些教你快速成功、快速致富的人或方法，我不甚苟同。所以同樣的道理，有了好的簡報技巧，也要用行動證明，你的方法與規劃確實可行，不是嗎？

32 機會來臨時，先判斷自己能否勝任

我老婆的同事小黑，小我十三歲，我們很聊得來，很快變成朋友。有天他和我說，他在外商科技業，擔任業務工作已三年，由於他刻苦耐勞的個性，加上不服輸的精神，新北市的業績一直跑得不錯。而公司業務流動率大，很快的，三年後，他就從小菜鳥變成大學長。

做事簡單做人難

由於該業務單位主管離職，去年十月一號，小黑被協理直接拔擢成為業務主管。以他七十年次、電機碩士的背景，只工作不到四年就擔任外商公司的業務主管，我認為有些快。半年前他打電話告知我這消息的時候，我完全聽得出他的喜悅。

今天的他的口氣落寞許多，我問他：「當主管三個月，還習慣嗎？」小黑才告訴我他的困擾。

他以前跟我提過，他的夢想工作是到海外上班。他剛上任業務主管兩個月，該公司就併了另一家新加坡公司，而新加坡公司在網站上放了一個海外業務主管的工作職缺，他去apply了。很幸運的，他錄取了。對方希望得到台灣這邊協理的同意才會發出offer，於是小黑斗膽的跟協理報告他要轉換跑道的事情。

小黑：「老闆，我想要internal transfer到新加坡去。」

協理：「哇，你也太會鑽了吧，你不要忘恩負義，看到哪裡有機會你就鑽。你不要忘了，是我跟總經理大力推薦你取代David的位置，你太讓我寒心了。」小黑無言以對。

說完這件事，他表示想聽我的看法。其實我很害怕。通常因為我的角色與專業，若說了與他人心中不一樣的想法，很容易影響到對方；如果是好的影響也就罷了，若害人家沒頭路，那我就害人不淺了。

到底小黑的問題出在哪呢？其實是他去apply這位置前，沒跟協理先口頭報備，這無關乎誠信，這是「職業倫理」。

小黑說他不好意思跟協理講。

又不是離職，只是內部轉換跑道。他既沒跟協理講，又剛升業務主管，換做我是協理，我也會不爽。現在騎虎難下，小黑該怎麼辦？

選擇看似好的機會，不見得就是好的

當下，我說了對這個問題的看法：

方案一，留下來，跟協理道歉。於公，好處是協理會很有面子，兌現你當時認為自己適合做業務主管時的承諾，繼續留下來跟同事共同奮鬥打拼。於私的好處是，自己翅膀還沒硬就想飛，會死得很難看。不過這方案的缺點是，你在協理心中已留下裂痕，信用已經打折扣（我認為職場最重要的就是信用），以後的日子要用更多的努力來挽回這件事。

方案二，堅持閃人。大家都清楚《狼來了》的故事，我個人的經驗是，過去自己提辭呈，每一次都被魔音傳腦似的慰留，但我每次都還是堅持要走人。這樣的好處是，於公，長痛不如短痛，公司可以布局其他人事；於私，你可以實現你對工作的夢想，提早學習歷練海外經驗。缺點是，業界很小，大家又是關係企業，雖然一個在台灣、一個在新加坡，但誰會知道會不會有交集呢？留下一個不好的名聲是本方案最大的缺點。

小黑接下來說：「憲哥若是你遇到這問題，你個人的選項呢？」

雖然有些為難，我還是回答了這個問題。

1. **沙灘撿鑽石**：一人限撿一顆鑽石的情況下，任何人都不知道「現在」撿到這顆鑽石是不是最美、最棒，或者是不是自己真的想要的。

2. **機會成本**：我勸大家做任何決定都要考量機會成本，很多值得做的事情，也不一定值得非常認真做，一定要考量機會成本。若投入時，未來的損失可能會過大，這時可能會選擇等待，「賭性堅不堅強」就是機會成本的承受程度。

3. **時間點**：沙灘撿鑽石的時間點才是關鍵，若這是一條布滿鑽石的沙灘，而每人限撿一顆，對於三十二歲的小黑而言，職業生涯只是一天中的「十點鐘」。但或許對於四十六歲的我而言，若要換工作，相對已經來到一天的「下午四點鐘」了。小黑的機會成本較低，相對我的機會成本高；他未來的選擇還是很多，而我未來的選擇相對偏少。只要十點的他能持續努力打拼，在同一條沙灘上繼續撿拾，他未來撿到大鑽石的機會會比我更高。

根據以上分析，我的結論是，在台灣當業務主管才當三個多月，一切都不熟。更何況業務工作與業務主管的工作大相逕庭，只為夢想前進，會死得很難看。男生在三十五歲之前尤其要多磨練。

小黑聽完後說：「我現在才十點鐘，我懂了。」果然，上崗靠機緣，下崗靠智慧。

33 好的學習態度，是職場翻身契機

去年歲末年終，因緣際會到了某PCB（Print Circuit Board，印刷電路板）廠，進行兩天一夜的簡報技巧訓練。今年則到了該公司的兩個大陸廠區，進行簡報技巧與內部講師共九天的大規模培訓，對於PCB產業以及兩岸學員的學習氣氛與動機，有了更深的體驗。

一知半解的技巧，不是真實力

「簡報技巧，真的需要口才很好嗎？」這大概是學員心中浮出的第一個問題吧？

那天，兩名台灣學員在課程開始前先和我說明：「老師，這兩天我們真的很忙，可能會進進出出，先跟你說聲不好意思。不過我們的簡報都已經很厲害啦。」我說：「沒關係啦，協理沒意見，我都沒意見。」

果真，這兩位真的進進出出，一下接電話，一下交頭接耳，真的很不專心。

過程中他們也參與部分課程片段，對於簡報基本概念，其實也是一知半解，但我從旁得知，他倆的口才真的還不賴。

問題是簡報技巧，真的與口才無關。

這兩位仁兄果真沒參加第二天的實戰演練，簡報比賽的前三名，卻都是第一天看起來不太起眼的幾位同學。我很為他們的大幅進步感到高興，也為這幾位業務同仁感到可惜。

其中獲選第一名的Jason，隨後也讓董事長親自布達，擔綱公司的發言人一職。

長期觀察兩岸訓練模式，台灣資源豐富，企業講師陣容堅強，也造成台灣學員比較不這麼珍惜訓練機會。公司安排什麼課程倒不是重點，重點是一般台灣職場工作者並不把訓練看成是一件「重要，但不緊急的事」，而似乎讓「緊急，卻不重要的事」充斥在工作排程中。

要我比較兩岸企業訓練氛圍的差別，我會說大多數大陸學員的習慣是「往前坐，先舉手」，而台灣學員的普遍習慣則是「往後坐，少舉手」。一來一往就看出學員有所不同。或許很多人會說，這是大陸高度競爭、台灣人較謙遜所致，但我的解讀並非僅有如此而已。

當天在大陸廠區的簡報技巧課程，由五分之四的陸幹，與五分之一的台幹共同組成。經過激盪下仍能發現，台幹的創新思考能力與互動性很強，而陸幹對課程重點的執行與吸收能力不容小覷。

接下來，該公司對於內部講師的培訓規模，則是大大的震撼了我。

一面培訓，一面觀察

「一面培訓，一面觀察」，這八個字，是我對訓練與產業結合的重要觀察指標。

這十年來從事培訓工作，只要公司開設「內部講師培訓」與「工作教導」課程，就會讓我直接聯想到公司的「大量徵才計畫」，以及「複製成功模式」的兩大重要思維。老闆說得好：「在大陸沒有台幹、陸幹，只有能幹、不能幹」。

二〇〇六年赴大陸培訓至今，已充分觀察到此一現象，台幹人數大量下降，陸幹急起直追，職位逐步攀高，兩邊的薪資幅度也持續縮小。這現象所帶來的訊號，我相信產業內部的人都能解讀一二。

然而這次兩岸PCB公司的簡報技巧與內部講師培訓，我到底觀察到了什麼呢？

發現一：簡報是有策略，有目標的溝通

簡報是可以被準備的，一般人都認為專業簡報需要口才很好，我卻不以為然。我也看過很多口才很好的人，上台以後胡言亂語；也看過許多看似老實宅男，上台後按照步驟方法侃侃而談的，關鍵是「持續練習」。

我的確觀察到科技業許多員工都有「宅」的特質，不過這種特質看似缺點，但在課程進行中，卻變成他們及我的最大優勢。大家雖然有些悶，但我只要指令夠清楚，大家使命必達的精神也充分感動了我。

尤其我一再強調，簡報並非口才的競爭，那些所謂口語表達能力普通的人，更願意努力學習。大家深知：「專業」＋「口語表達能力」＝「影響力」的精髓，而陸幹在這樣的訴求下，非常願意努力學習，那種願意更上一層樓的積極態度，真讓我感動。而簡報對於推動職場各項事務，占有決定性的影響。

發現二：「麥克風加上信念」，的確可以改變些什麼

簡報是職場很不公平的競賽，在科技職場中，老闆與高階主管都十分忙碌，若能在短暫十分鐘左右，將自己的專業侃侃而談、有效率、有架構的報告，的確可為你的職場加分，還可以讓自己曝光度大幅提高。相反的，我也看過許多台下一條龍，台上一條蟲的人，只會在台下偷偷抱怨，卻不願意下苦功學習，的確非常可惜。

我觀察許多職場工作者持續加強專業，行有餘力提升自己簡報溝通的能力，我相信對大家的職場影響力，一定會很有幫助的。

發現三：認清簡報對象，設計因目的而異的簡報

簡報不是你會說什麼，而是要先預判聽眾想聽什麼，站在聽眾角度出發設計簡報架構，肯定是簡報成功的第一堂課。尤其是競賽時第一名的**Jason**，在董事長面前的優異簡報，就是了解董事長行事風格後，特別設計的簡報內容與精準架構。

提升職場影響力，用簡報技巧在職場翻身，你準備好用功學習了嗎？

34 面對抉擇，用「巧實力」應對

人生有三大遺憾：不會選擇，不斷選擇，不堅持選擇。七年半前，我在外商內部應徵亞洲區電話行銷經理，當時如果雀屏中選，今天的我會有不同嗎？如果八年前我沒有離開外商自行創業，今天的我會是如何？我的人生若沒有選擇業務與講師工作，另一片精彩的天空會在哪裡呢？面對抉擇的情境，該如何做出正確的決定呢？

什麼是巧實力（Smart Power）？

哈佛大學教授奈伊（Joseph Nye）：「巧實力是依據情境不同，聰明運用軟實力與硬實力的能力。」若用我的話來說，就是一種「硬到不決裂，軟到不屈服」的能力。

然而我們經常性的抉擇是：老闆喜不喜歡我？我要不要轉職？我該如何面對升遷與挖角？面對討厭的同事，該如何與他相處……

然而希拉蕊在《抉擇》（Hard Choices）中說：「人生就是不斷的在做抉擇，而我們的選擇，以及怎樣處理自己的選擇，將決定我們成為什麼樣的人。對於領導人和國家來說，這些抉擇可能決定了戰爭或和平、貧困與繁榮。」真是一語道破人生抉擇的殘酷與現實。

國中時，我面臨了到底應該去考北聯？還是應該留下來考桃聯？自然組？社會組？大學的社團應該選哪個？出社會工作，哪個職業適合我？幾歲該結婚？要不要生孩子？轉職應該選錢多的工作嗎？競爭者攻擊我們，我們該如何反擊？還是悶不吭聲呢……

在職場中的「硬實力」對個人來說是專業、本質學能；對職業選擇來說，就可能是公司規模大小與發展前景。然而職場的「軟實力」對個人來說就是溝通能力、人際關係、團隊合作能力等；對職業選擇來說，就可能是公司的核心價值與企業文化底蘊等。

對於容易量化的指標來說，一切都很好判斷；對於質化指標來說，面對抉擇時，就應該好好的利用巧實力來面對不同情境了。

多年前我有一位同事，學經歷背景與外型都非常好，在我那個年代就已經有兩個學士學位，堪稱奇人一枚。怎奈與他共事的「原則」特別多，他不喜歡跟同事聊天，但跟客戶哈拉時，又能侃侃而談。常常需要別人配合他、專業證照考上不少，但面對關鍵時刻的口說能力，卻無法化繁為簡。他一定要睡午覺、十點前一定要就寢、機車要留一格停車位給他……大家都戲稱他原則特別多，彈性特別少。

同單位的另一位同事，專科畢業、各方面雖然都很普通，但腰桿子特別軟，嘴巴很甜，很會稱讚他人，同事跟客戶都很喜歡他，配合度極高，在我們以業績掛帥的環境裡，升遷總是快人一步。大家看來無法解決的事，或是沒耐心處裡的事，在他的手上總是可以得到變通與折衝；他的變通能力、創意思維與邏輯能力，是他長袖善舞的成功關鍵。

我不是說原則不重要，但人真的不能有太多原則，太多原則的人，在現今複雜的環境中，大家都會說你固執，真的很難生存。

職場發揮巧實力的五大建議

首先，固執與原則是一線之隔。在個人原則與環境偏好的雙重考量下，選擇與組織氣候相符的處事態度絕對錯不了，除非你能證明你一定是對的，或是你有高人一等的position power（職位權）。

其次，不要抱怨。抱怨解決不了問題，個人、職場與國家都一樣，需要捲起袖子做事的人，而不是抱怨的人。捲起袖子做事的行動力，才是巧實力，空談不是，抱怨也不是。

第三，職場裡做任何決定都要考量「機會成本」。選擇或許不難，當沒有選擇的那件事機會成本太高時，一定要特別小心，尤其是時間成本，時間成本是個人、公司與國家最重要的資產。

第四，你若覺得現在很難過，那是因為你站得不夠高、看得不夠遠。走出台灣視野，與世界接軌，視野放大、擺高、看遠，不要每天小情小愛，試著跳脫舒適圈。我常告訴自己：「最差若是這樣，挑戰新事物不過如此，那就放手一搏吧。」

最後，創新的思維、變通的能力、減少直覺式的邏輯思考，多多閱讀好書與接觸世界觀的人事物；任何時間都要想如何發揮團隊精神達成目標，我想距離巧實力的聰明人生才會越來越近，人有無限可能的。

35 不要酸人，成功同僚的背後一定有番大學問

某次幫客戶執行完年度的訓練課程，客戶好心邀我一起吃個便飯。席間訓練承辦人、門市主管、人資主管，以及幾位專案的重要參與者都留下來，大家聊得很愉快。

啊，然後咧？

除了慶祝訓練專案非常成功以外，日前公司布達訓練承辦人Joyce晉升課長的消息傳出，大家舉杯祝賀她的高升，年僅二十八歲在大公司升到課長，老實說也為她過去幾年的努力，打了一劑強心針。

Bruce四年多前是Joyce在人資的同事，也是前後期同梯，兩年前因

為門市需要執行導師制計畫，老闆將男生調到門市歷練，負責門市與人資執行新人導師制的聯繫窗口。只可惜Bruce做事比較沒這麼積極，加上原來的人資課長因為生產後離職，Joyce補上課長缺，而Bruce仍是資深管理師。

「我們請Joyce分享晉升感言！」門市總監和經理大聲嚷嚷著。Joyce很客氣的說：「是大家幫忙、大家繼續努力、我運氣……」這類的詞彙在分享的一分鐘之內，不斷出現。

上了幾道菜，大家喝了幾杯酒後，Joyce就開始談到先前生產，後來離職的原課長過去對她的照顧，而Bruce不斷的滑著手機，沒有很認真聽。

大家問Joyce升課長以後的計畫呢？她講沒幾句，Bruce就說：「啊，然後咧？」Joyce再說幾句後，Bruce又跟話說：「啊，然後咧？」大家看狀況不對，把話題轉到公司推行的導師制，Bruce又接著說：「啊，然後咧？」

大概講了四、五次吧，我可以確定他不是玩笑話，從語氣就知道他是很挑釁的問，很酸的說話。幾句話後Joyce臉色大變，選擇沉默不語，其他同事開始轉移話題，老闆調侃了Bruce幾句「你跳針喔？」半小時後，大家就各自離席回家。

人資經理在兩天後打了一通電話給我，除了要我別介意以外，還問了我一個問題：「憲哥，你怎麼看這件事？」

原來兩年前要調去門市的不是Bruce，而是Joyce。因為門市總監比較喜歡女生，但Joyce對門市營運比較沒興趣，選擇留下來人資部負責培訓，將當時企圖心與自信心都不足的Bruce調去給門市。因為如此，人資經理被門市總監酸了很久，說「你都調你不要的人給我」，害人資經理只能選擇不斷苦笑。

其實人資經理也比較喜歡Joyce，對於女生要留下來原單位，經理的確鬆了一口氣，也感到欣慰。總經理對於人事調動一向尊重當事人決定，於是也不插手過問。

Bruce對於Joyce這麼快升課長，一直覺得是她運氣好，而自己運氣也太爛，不斷說是自己兩年前選錯跑道，才會搞到現在只是資深管理師。明明門市機會很多，就是升不上去，他老兄大概也從沒檢討過自己吧？

職場大忌：見不得人好的酸民心理

「酸民文化」大家也不是不知道，但問題是職場現實生活中的酸，影響就很大了。網路上愛怎麼寫，大家互相不認識，好像也不能怎樣。但現實生活中，大家天天會遇到，無論背後說人壞話，或是當眾酸別人，總不是一件好事。

「人在江湖混，哪有不挨棍？」我對Joyce當天的處理態度印象非常深刻，她不僅沒有跟對方大聲回嘴，風度與格局都讓我嘖嘖稱奇，算是年輕一輩很有氣度與風範的小主管了。

「死狗無人踢」，是我最常跟被暗箭所傷、被公開指責的人說的話。有時候不得不這樣想，我要是一無是處，也沒人會理我，就是因為自己還有利用價值，難免會遭到妒忌，在職場工作，這種事正常到不能再正常了。

「譽之所致，謗亦隨之」，職位越往上晉升的人，總是要能理解自己會越來越被放大鏡檢視，小心翼翼、如履薄冰總不會錯的。

我跟人資經理說，幫我帶上面幾句話給Joyce，至於Bruce，已經不是人資經理管轄的，其實不用太在乎。一種米養百樣人，他的個人觀點與說話習慣，就讓社會跟職場來「好好教育」他吧！

台灣不缺酸民，但缺少會鼓勵他人，能振奮民心的人，不是嗎？

重點筆記

●當面臨十字路口的時候，信念與價值、信仰與態度才是讓你度過難關、因應變局的關鍵策略。

●擅長並持續記錄下你的各種工作指標，會成為一種決勝習慣。

●你做多少並不重要，而是你做好多少，以及多常做正確的決定才重要。

●人際關係以「善念」為出發，自然吸引他人靠近。

●多練習讓自己說出來的話，做出來的事更有價值。

●很多值得做的事情，也不一定值得非常認真做。

●抱怨解決不了問題。個人、職場與國家都一樣，需要捲起袖子做事的人，而不是抱怨的人。

●你若覺得現在很難過，那是因為你站得不夠高、看得不夠遠。

國家圖書館出版品預行編目資料

職場最重要的小事——職場強人憲哥教你縱橫職場的35個巧實力／謝文憲作．-- 初版．-- 臺北市：春光出版：家庭傳媒城邦分公司發行, 2014（民103.11）
面；公分. --

ISBN 978-986-5922-54-2（平裝）

1.職場成功法

494.35　　103020217

職場最重要的小事

——職場強人憲哥教你縱橫職場的35個巧實力

作　　者／謝文憲　　企劃選書人／林潔欣
責任編輯／林潔欣、楊秀真

行銷企劃／周丹蘋
行銷業務經理／李振東
總　編　輯／楊秀真
發　行　人／何飛鵬
法律顧問／台英國際商務法律事務所　羅明通律師
出　　版／春光出版
台北市104中山區民生東路二段 141 號 8 樓
電話：(02) 2500-7008　傳真：(02) 2502-7676
部落格：http://stareast.pixnet.net/blog
E-mail：stareast_service@cite.com.tw
發　　行／英屬蓋曼群島商家庭傳媒股份有限公司城邦分公司
台北市中山區民生東路二段 141 號 11 樓
書虫客服服務專線：(02) 2500-7718 / (02) 2500-7719
24小時傳真服務：(02) 2500-1990 / (02) 2500-1991
讀者服務信箱E-mail: service@readingclub.com.tw
服務時間：週一至週五上午9:30～12:00，下午13:30～17:00
劃撥帳號：19863813　戶名：書虫股份有限公司
城邦讀書花園網址：www.cite.com.tw
香港發行所／城邦（香港）出版集團有限公司
香港灣仔駱克道 193 號東超商業中心 1 樓
電話：(852) 2508-6231　傳真：(852) 2578-9337
E-mail : hkcite@biznetvigator.com
馬新發行所／城邦（馬新）出版集團　Cite (M) Sdn. Bhd.
41, Jalan Radin Anum, Bandar Baru Sri Petaling,
57000 Kuala Lumpur, Malaysia.
電話：(603) 9057-8822　傳真：(603) 9057-6622
E-mail : cite@cite.com.my

封面設計／黃聖文
內頁排版／林佩樺
印　　刷／高典印刷有限公司

城邦讀書花園
www.cite.com.tw

■ 2014年（民103）11月25日初版
■ 2021年（民110）1月 15日初版6刷

Printed in Taiwan

售價／280元

ISBN　978-986-5922-54-2

廣 告 回 函
北區郵政管理登記證
台北廣字第000791號
郵資已付，免貼郵票

104台北市民生東路二段141號11樓

英屬蓋曼群島商家庭傳媒股份有限公司

城邦分公司

請沿虛線對折，謝謝！

遇見春光・生命從此神采飛揚

春光出版

書號： OK0109　　書名： 職場最重要的小事——職場強人憲哥教你縱橫職場的35個巧實力

請於此處用膠水黏貼

讀者回函卡

謝您購買我們出版的書籍！請費心填寫此回函卡，我們將不定期寄上城邦集最新的出版訊息。

姓名：＿＿＿＿＿＿＿＿＿＿＿＿＿＿＿＿＿＿＿＿

性別：□男　□女

生日：西元＿＿＿＿＿＿＿＿年＿＿＿＿＿＿＿＿月＿＿＿＿＿＿＿＿日

地址：＿＿＿＿＿＿＿＿＿＿＿＿＿＿＿＿＿＿＿＿＿＿＿＿＿＿＿＿＿＿

聯絡電話：＿＿＿＿＿＿＿＿＿＿＿＿＿＿ 傳真：＿＿＿＿＿＿＿＿＿＿＿＿＿＿

E-mail：＿＿＿＿＿＿＿＿＿＿＿＿＿＿＿＿＿＿＿＿＿＿＿＿＿＿＿＿＿＿

職業：□1.學生 □2.軍公教 □3.服務 □4.金融 □5.製造 □6.資訊

□7.傳播 □8.自由業 □9.農漁牧 □10.家管 □11.退休

□12.其他＿＿＿＿＿＿＿＿＿＿＿＿＿＿＿＿＿＿＿＿＿＿＿＿＿＿

您從何種方式得知本書消息？

□1.書店 □2.網路 □3.報紙 □4.雜誌 □5.廣播 □6.電視

□7.親友推薦 □8.其他＿＿＿＿＿＿＿＿＿＿＿＿＿＿＿＿＿＿＿＿

您通常以何種方式購書？

□1.書店 □2.網路 □3.傳真訂購 □4.郵局劃撥 □5.其他＿＿＿＿＿

您喜歡閱讀哪些類別的書籍？

□1.財經商業 □2.自然科學 □3.歷史 □4.法律 □5.文學

□6.休閒旅遊 □7.小說 □8.人物傳記 □9.生活、勵志

□10.其他＿＿＿＿＿＿＿＿＿＿＿＿＿＿＿＿＿＿＿＿＿＿＿＿＿＿

請於此處用膠水黏貼